Michael Bernecker · Christiane Gierke · Thorsten Hahn
Akquise für Trainer, Berater, Coachs

Michael Bernecker
Christiane Gierke
Thorsten Hahn

AKQUISE FÜR TRAINER, BERATER, COACHS

Verkaufstechniken, Marketing und PR für mehr
Geschäftserfolg in der Weiterbildung

Mit CD-ROM

5., überarbeitete Neuauflage

Bibliografische Information der Deutschen Nationalbibliothek

Die Deutsche Nationalbibliothek verzeichnet diese
Publikation in der Deutschen Nationalbibliografie;
detaillierte bibliografische Informationen sind im Internet
über http://dnb.d-nb.de abrufbar.

ISBN 978-3-86936-189-5
5., überarbeitete Neuauflage 2011

Umschlaggestaltung: Martin Zech Design, Bremen
     www.martinzech.de
Satz und Layout: Das Herstellungsbüro, Hamburg
     www.buch-herstellungsbuero.de
Druck und Bindung: Salzland Druck, Staßfurt

www.gabal-verlag.de

INHALT

VORWORT

*Der Handel war es, der eigentlich die Welt – die Alte
wie die Neue – aus ihrer Barbarei gezogen hat.*
Karl Julius Weber (1767–1832), dt. Schriftsteller

Der Markt für Bildungsanbieter ist und bleibt hart. Die Trainer brauchen Kunden. Der Weg zum Kunden hat besonders für Trainer sehr viele Stolpersteine zu bieten. In allen Trainer- und Beraternetzwerken wie z. B. dem BDVT oder dem GABAL e.V., in den Coaching-Vereinigungen und auch den Speaker-Organisationen wie der GSA bekommen Kollegen und Mitglieder hautnah zu spüren, wie sich der Trainingsmarkt wandelt. Auch der potenzielle Trainerkunde ist inzwischen der viel beschriebene »intelligente Kunde«. Bevor ein Trainer, Berater oder Coach eingekauft wird, will der Kunde von der Leistung überzeugt sein. Deshalb gilt es, gute und glaubwürdige Argumente parat zu haben.

Glaubwürdige Agumente

»Handel« und »handeln« hängen eng zusammen. Und Trainer, Berater, Coachs sowie alle in der (Weiter-)Bildung Engagierten müssen handeln. Das zeigen uns nicht nur die letzten beiden Pisa-Studien, das zeigt uns auch der schwierige Markt, der alle Trainings- und Bildungsanbieter vor neue Herausforderungen stellt:

- Methodische Herausforderungen einerseits – denn es bedarf immer neuer Strategien, Wissen »an den Mann zu bringen« und in Können und Performance umzuwandeln.
- Wirtschaftliche Herausforderungen andererseits, denn in Zeiten schrumpfender Bildungsbudgets wird es immer schwieriger, den Wert von Training und Schulung klar zu machen – und auch durchzusetzen.

Methodische Herausforderungen

Wirtschaftliche Herausforderungen

Beratungskauf ist viel mehr als manch andere Dienstleistung zuerst ein »Vertrauenskauf«. Die Qualität der Arbeit zu vermitteln ist daher die wichtigste Aufgabe. Somit muss auch der Akquisevorgang für den Kunden plausibel sein. Sie merken schon – systematische Akquise ist viel mehr als ein Anruf oder Besuch beim Kunden. Der Vorgang braucht eine Strategie. Er muss vorbereitet sein. Er braucht die Unterstützung durch moderne Medien und Plattformen genauso wie durch den Prospekt oder Flyer. Der Markt bietet vielfältige Möglichkeiten der Akquisitionsverstärkung. Auszeichnungen wie der »Internationale Deutsche Trainingspreis« können genauso zu den »Verstärkern« gehören wie eigene Publikationen in Fachmagazinen oder die Herausgabe von Büchern oder von Fachmedien.

Qualitativ hochwertige Güter Doch der Markt der Trainer, Berater und Coachs leidet unter einem Vorurteil, das man mit einem weiteren Sprichwort zusammenfassen könnte: »*Der Schuster hat die schlechtesten Schuhe.*« Selbst Verkaufstrainer sind oft nicht die Allerbesten in Sachen eigener Akquise. Weiterbildung erfolgreich anzubieten ist eben nicht (so einfach) wie Schuhe zu verkaufen. Gerade Bildungsanbieter jedoch haben wichtige, qualitativ hochwertige und gute Güter anzubieten. Und gerade Bildungsanbieter sollten sich daher nicht scheuen, alle »Raffinessen« der Akquise zu kennen, um ihre Produkte und Dienstleistungen so anzubieten, dass der inhaltliche und der monetäre Wert vom Kunden angenommen und bejaht wird. Machen Sie Ihrem Kunden ein Angebot, das er nicht ablehnen kann!

Was das Buch *Akquise für Trainer, Berater und Coachs* so anwendungsrelevant, damit bedeutend und aus meiner Sicht zu einem neuen Standardwerk macht, ist, dass es Ihnen als Trainer, Berater, Coach oder Bildungsunternehmen nicht vorgibt, was Sie tun müssen, um erfolgreich zu sein, sondern gerade die Vielzahl der Möglichkeiten aus praktischer und umsetzbarer Sicht aufzeigt.

Und es haben sich drei ausgesprochene Experten zu diesem Werk zusammengeschlossen, die selbst seit Jahren beweisen, wie erfolgreiche Akquisestrategien funktionieren: Prof. Dr. Michael Bernecker vom Deutschen Institut für Marketing, Dr. Christiane Gierke als bekannte Marketing-Spezialistin auf dem europäischen Trainingsmarkt und Thorsten Hahn, selbst viel gebuchter Trainer und hervorragender Networker, stellen Ihnen ihr Wissen zur Verfügung, damit Sie als Nutzer dieses Buches künftig Ihre Akquisitionsenergie gezielter einsetzen können.

Um den Kreis zu schließen: Der Trainingsmarkt entflieht erst dann endgültig der »Barbarei«, wenn er bewusst noch mehr auf Qualität und Selbstregulierung setzt. Mit der Akquise fängt dieser Vorgang an.

Michael Ehlers, Hallstadt bei Bamberg im Mai 2005
Vizepräsident BDVT
Berufsverband der Verkaufsförderer und Trainer e.V. –
(seit 1964)
www.bdvt.de

1. SELBST- UND MARKEN-MANAGEMENT ZUR AKQUISITIONSVORBEREITUNG

1.1 POSITIONIERUNG – DIE GRUNDLAGE ERFOLGREICHER AKQUISITION

Eindeutige Positionierung

Im deutschsprachigen Raum gibt es nach neuesten Schätzungen rund 40 000 Trainer, Berater oder Coachs, davon rund 30 000 allein in Deutschland. Um sich im Wettbewerb um Kunden besser zu behaupten, ist daher eine eindeutige Positionierung unabdingbar. Es existiert auch kaum ein besserer Vertriebshebel als eine gute Positionierung. Viele Trainer trainieren bei sich selber Kriterien wie Einwandsbehandlung oder Gesprächsführung für die Akquise. Doch worüber wollen Sie verhandeln, wenn der Kunde Sie als völlig austauschbar einstuft und Sie mit mehreren, aus seiner Sicht völlig identischen Trainern vergleicht? Ein guter Trainer optimiert zunächst einmal seine Positionierung und kümmert sich dann um die weiteren vertrieblichen Schritte.

Doch wie können Sie sich positionieren?

Zunächst zum Einstieg zwei Fragen:

> **?**
> - Wie unterscheiden Sie sich von den anderen Trainern auf dem deutschsprachigen Markt?
> - Warum sollte ein Kunde Ihnen einen Auftrag geben?

Diese beiden Fragen sind eigentlich sehr simpel, die Antworten sind in der Regel jedoch nicht ganz so einfach. Wenn Sie diese Fragen jedoch nicht beantworten können, dann werden Sie vermutlich Ihre potenziellen Kunden mit Floskeln wie »*Ich bin ein Trainer und kann Ihre Mitarbeiter trainieren*« oder »*Ich wollte mich mal bei Ihnen vorstellen und fragen, ob Sie mal ein Führungsseminar für Ihre Mitarbeiter brauchen*« nötigen.

Ihre Positionierung muss mehrere Eigenschaften aufweisen, damit sie erfolgreich ist: Sie muss
- **eine Besonderheit darstellen,**
- **in den Augen der Kunden möglichst attraktiv sein,**
- **sich von den Wettbewerbern klar abgrenzen und**
- **auf langfristige Positionen aufbauen.**

Der Aufbau einer einmaligen Positionierung ist langwierig und setzt ein strukturiertes und systematisches Arbeiten voraus. Klären Sie zunächst die folgenden Fragen für sich:

Systematisches Arbeiten

- Wer sind meine Kunden?
- Welche Leistungen biete ich an?
- Welchen Zielmarkt bediene ich?
- Was sind meine ökonomischen Ziele?
- Was sind meine Werte? Woran glaube ich?
- Was ist meine Kernkompetenz? Worin bin ich wirklich gut?

Eine Positionierung ist in der Vorstellungswelt Ihres Kunden eine Assoziation mit Ihnen und Ihren Leistungen. Das heißt, es kommt sehr stark darauf an, wie Sie von Ihren potenziellen Kunden wahrgenommen werden.

Hinter einer erfolgreichen Positionierung steht eine der zwei nachfolgenden Strategien:

- die des Spezialisten und
- die des Generalisten.

Diese beiden Positionierungen sind sehr unterschiedlich, aber beide können erfolgreich sein.

Der Generalist

Generalist Der Generalist ist ein Trainer, der ein breites Spektrum und damit seinen Kunden als Problemlöser unterschiedliche Leistungen anbietet. Der Kunde muss den Anbieter nicht wechseln, da er alle Leistungen aus einer Hand erhält. In einer Erhebung unter 170 Trainern bezeichneten sich ca. 35 % der Trainer als Generalisten. Zunächst hat der Generalist den Vorteil, dass er in der Regel keine Angebote hat, die stark erklärungsbedürftig sind. Damit ist der Akquisitionsaufwand deutlich geringer als bei einem Spezialisten. Er reagiert meistens auf die Anfragen der Kunden und bietet diesen eine Lösung an. Aufgrund seines Leistungsangebotes wird dieser Trainer von Kunden gerne gebucht, um »noch einen zusätzlichen Kurs zu machen«. Aufgrund seines breiten Spektrums kann er fast jeden Kunden bedienen.

Breites Spektrum Durch das breite Spektrum kann der Generalist in der Regel auf eine höhere Auslastung blicken als ein Spezialist. Nachteilig wirken zwei wesentliche Faktoren: Zum einen kann der Generalist in der Regel nicht so hohe Tagessätze realisieren wie der Spezialist und zum anderen ist er aufgrund seines Leistungsspektrums oft austauschbar.

Der Spezialist

Der Spezialist dagegen ist ein Trainer, der ein Thema (z. B. Zeitmanagement, Finanzen, Kreativität …) oder eine Vermittlungstechnologie (z. b. NLP, Coaching …) besetzt hat und versucht, diese Positionierung mit seinem Namen in Verbindung zu bringen.

Spezialist

Ein Spezialist muss bedingt durch seine Position eine Leistung anbieten, die sich deutlich von den Leistungen seiner Mitbewerber differenziert. Der Kunde muss das Gefühl und die Sicherheit haben, dass er beim Spezialisten eine bessere Leistung erhält als beim Generalisten. Nur dann ist er auch bereit, für die Leistung des Spezialisten mehr zu bezahlen.

Spezielles Angebot

Spezialistentum verkleinert das Wettbewerbsfeld

Viele Trainer behaupten in diesem Zusammenhang, dass es Ihnen nicht möglich ist, unter 40 000 Wettbewerbern als Spezialist aufzufallen. Das ist so natürlich Nonsens, da ein Spezialist eben keine 40 000 Wettbewerber mehr hat. Er hat lediglich einige wenige Wettbewerber, die auch sein Thema vertreten oder sich in derselben Zielgruppe bewegen. Eine Spezialistenposition aufzubauen dauert etwas länger als die Positionierung als Generalist und lohnt sich nur, wenn Sie sich auch kontinuierlich weiterentwickeln. Diese weiterentwickelte Leistung hat dann aber in der Akquisition einen deutlichen Vorteil. Sie können bei der Ansprache neuer Kunden einen USP verwenden. Ein USP ist eine Unique Selling Proposition. Dieser USP ist ein einmaliger Verkaufsvorteil, den Sie nutzen können, um Ihre Leistungen von denen anderer zu differenzieren. Diese Positionierung müssen Sie nun mit einer passenden Marketing- und Vertriebsstrategie nutzen, um Ihre Kunden anzusprechen.

Unique Selling Proposition

Die nachfolgende Checkliste gibt Ihnen weitere Hinweise für Ihre Positionierung:

PRAXISCHECKLISTE POSITIONIERUNG

- Beschreiben Sie Ihre Kernkompetenz.

- Seien Sie einfach. Niemand kann sich komplexe Dinge merken.

- Verwenden Sie einen griffigen Begriff für Ihre Positionierung. Einfache Namen verkaufen sich besser als komplizierte.

- Nutzen Sie die Medien, um Ihre Positionierung bekannt zu machen. Fachartikel, Reportagen oder Bücher zum Thema bauen Ihre Positionierung aus.

- Seien Sie authentisch bei Ihrer Positionierung. Spielen Sie keine Rolle. Nur wer glaubwürdig ist, kann seine Positionierung auch langfristig sichern.

- Seien Sie anders als andere! Sie müssen positiv auffallen, um potenziellen Kunden bekannt zu werden.

- Verzetteln Sie sich nicht. Sie können als Trainer immer nur eine Positionierung glaubhaft mit Leben füllen. Das heißt, Sie können nicht der Spezialist für Führung und der Spezialist für Mediation sein. Entscheiden Sie sich.

- Machen Sie Ihre Positionierung bekannt. Das Internet sollten Sie dabei genauso einsetzen wie Mailings.

1.1.1 IHREN MARKT FINDEN

Marktstrategien Was bieten Sie eigentlich an? Seminare, Beratung, Coaching, Vertriebsinhalte, Wissen oder vielleicht ein Event? Die meisten Trainer sind im Umgang mit ihren eigenen Leistungen oft sehr passiv. Das heißt, sie bieten einfach das an, was der Markt als Standard scheinbar von ihnen erwartet. Gehören Sie auch dazu?

Verschiedene Marktstrategien

Es gibt, kurz gesagt, eine Reihe von Strategien, nach denen Sie sich und Ihr Angebot auf dem Markt positionieren können. Betrachten Sie dies aus der Meta-Ebene, können Sie sich entweder danach richten, was der Markt zu wünschen scheint – oder danach, was Sie von sich aus am besten können und »der Welt bringen« wollen im Sinne Ihrer Mission (als Teil der Vision). Ganz kurz zusammengefasst nehmen Sie eine eher nachfrage- oder eine eher angebotsorientierte Position ein. Sie können auch Mischformen der Strategien wählen – wichtig ist nur, dass Sie sich wirklich die Zeit nehmen und Ihre Positionierung »von außen« betrachten und nach folgenden Aspekten analysieren:

1. Bedarfe erkennen
2. Nischen finden
3. USP entwickeln

1. Bedarfe erkennen: Hier gibt es deduktive und induktive Methoden. Angenommen, Sie arbeiten schon seit längerem im beratenden oder bildenden Bereich in einer Industrie, einer Branche. Dann haben Sie Kunden – egal, ob sich diese innerhalb Ihres Unternehmens oder auf dem freien Markt befinden. Im Rahmen dieser Arbeit werden Ihnen viele Aspekte aufgefallen sein, an denen es bei Ihrem Kunden »hapert«. Und vielleicht nicht nur bei Ihrem Kunden oder in Ihrem Unternehmen. Womöglich trifft das auch auf andere Unternehmen dieser Größe, dieser Branche etc. zu. Dann haben Sie einen Bedarf erkannt, für den Sie der Experte, der Trainer werden. Ihre Positionierung als Experte ist damit klar. Und dass das funktioniert, haben viele Beratungsfirmen und Trainer bewiesen, die sich aus einer Problemsituation beim Kunden ausgegründet haben. Es geht natürlich auch abstrakter: Segmentieren Sie den »Markt der Möglichkeiten« nach verschiedenen Zielgruppen und analysieren Sie deren Bedarfe in einer Matrix gemeinsam mit den erkennbaren, auf dem Markt angebotenen Lösungsansätzen.

2. Nischen finden: Diese Strategie kann auf der Strategie »Bedarfe erkennen« aufbauen. Sie haben Bedarfe erkannt, aber auch dieser Markt scheint schon von Wettbewerbern besetzt? Dann suchen Sie intensiv nach der Nische, die es immer gibt. Sie muss so klein sein (»spitz statt breit in den Markt«), dass Sie dort eine Hemmschwelle für Ihre Wettbewerber aufbauen können, doch groß genug, dass sie Ihr Expertentum auf Dauer auch trägt und dass Sie darin genügend Kunden finden können.

3. USP entwickeln: Machen Sie sich mit den Techniken bekannt, Ihre Unique Selling Proposition (USP, Marktdifferenzierungsmerkmal) zu entwickeln. Das ist das Set Ihrer Kernkompetenzen, und dies können Sie dem Markt besonders authentisch und überzeugend anbieten. Damit werden Sie besonders (leicht) akquisitorisch erfolgreich sein, wenn Sie Ihren USP im Rahmen von erkanntem Bedarf entwickeln können.

1.1.2 KERNLEISTUNG ENTWICKELN

In jedem Fall ist entscheidend, dass Sie genau wissen, warum Sie gerade diese spezifischen Leistungen anbieten – denn nur wenn Sie davon überzeugt sind, werden Sie Ihre Kunden davon überzeugen können.

Wenn Sie hingegen einfach nur den unterstellten Marktwünschen folgen, dann entspricht Ihre Leistung nur einem austauschbaren Kernprodukt. Eine Differenzierung mithilfe der Leistung ist in einem solchen Fall nicht möglich. Auch wenn die meisten Trainer der Meinung sind, dass sie eine bessere Qualität als andere Trainer liefern, so ist die Kernleistung doch immer noch die gleiche. Auch vermeintliche Add-ons (Zusatzleistungen) wie Flexibilität, langjährige Berufserfahrung oder eine starke Kundenorientierung stellen lediglich Bestandteile der Kernleistung dar.

Um Ihre Leistung besser zu (er)fassen, erstellen Sie zu jedem Ihrer Angebote, jedem Seminar oder Workshop, ein Kurzkonzept.

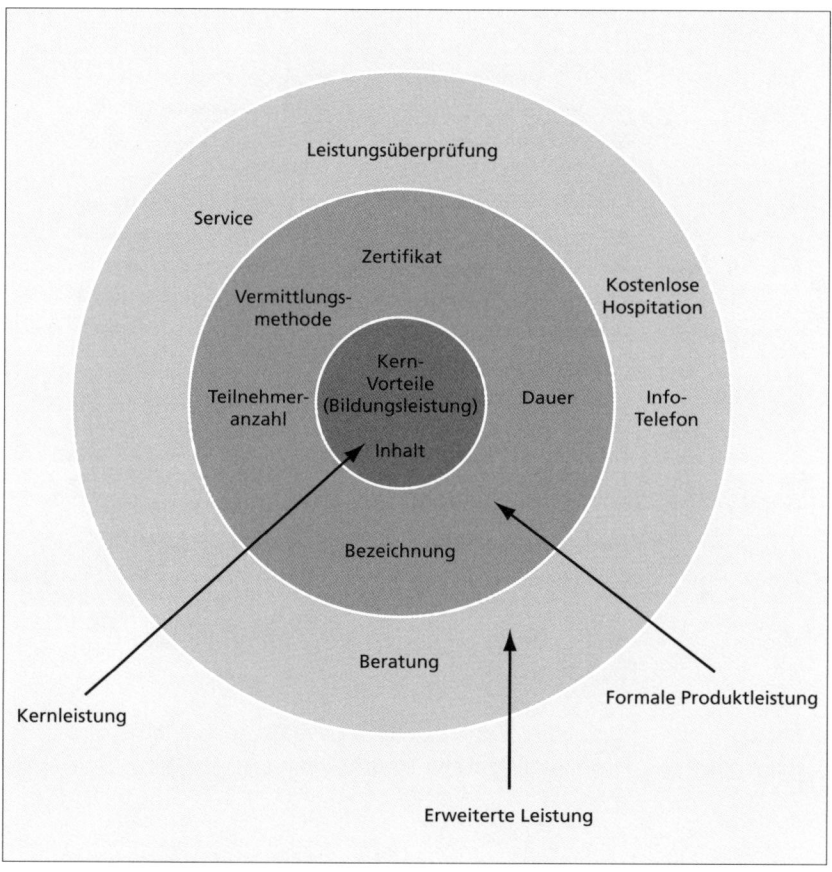

Die nachfolgende Tabelle hilft Ihnen bei dieser Beschreibung.

Bezeichnung der Maßnahme	Es sollte eine Bezeichnung gewählt werden, die den Charakter der Bildungsleistung am besten wiedergibt.
Dauer	Die Dauer von Bildungsveranstaltungen wird in der Regel in Tagen oder Unterrichtsstunden angegeben.
Teilnehmeranzahl	Die Teilnehmeranzahl wird in der Regel vordefiniert. Meistens wird eine Unter- und eine Obergrenze für die Durchführung angegeben.
Teilnehmervoraussetzung	Um den Bildungsprozess zu kontrollieren bzw. zu steuern, sollten Sie im Vorfeld die Voraussetzungen angeben. Falls Sie eine Bildungsbedarfsanalyse spezifisch durchgeführt haben, dann können Sie die Vorkenntnisse direkt daraus ableiten.
Lernziele	Zu jeder Bildungsmaßnahme sind Lernziele anzugeben. Denn nur so ist eine Steuerung der Bildungsprozesse, die Erfüllung der Kundenzufriedenheit und die Messung eines Ergebnisses möglich.
Inhalte	Formulieren Sie übersichtsartig, welche Inhalte Sie transportieren möchten.
Methodik	Welche Methoden setzen Sie ein, um Ihre Inhalte zu transportieren?
Kosten/ Honorar	Kosten des Seminars, aufgeteilt in fixe und variable Bestandteile oder als Pauschalbetrag.

Kernleistungen: kostengünstig oder erweitert?

Aufbauend auf dieser Kernleistung, die Ihnen Ihr Auftraggeber gelegentlich sogar vorschreibt, sollten Sie sich auf jeden Fall Gedanken über die ergänzenden Leistungen machen.

Ergänzende Leistungen

Sie haben dabei zwei prinzipielle Möglichkeiten:

1. Entweder Sie ergänzen die Kernleistung nicht weiter und bieten dann eine einfache Basisleistung an, die es Ihnen erlaubt, kostengünstig Ihre Leistungen anzubieten, oder
2. Sie ergänzen Ihre Basisleistung mit zusätzlichen Service- und Leistungselementen, sodass Sie eine deutlich bessere Leistung anbieten können. Die nachfolgende Abbildung zeigt einen Leistungsprozess, mit dem Sie sich mit Ihrer Leistung deutlich differenzieren können.

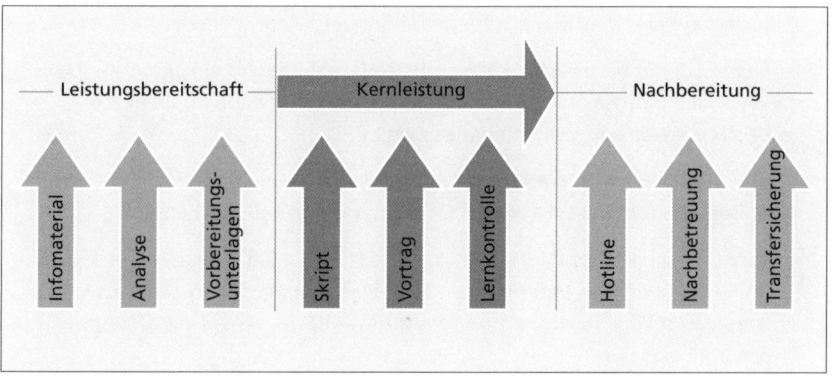

Die Kernleistung eines Seminars wird hierbei um zusätzliche Serviceelemente ergänzt. Die möglichen Serviceleistungen können sehr unterschiedlich sein. Die nachfolgende Übersicht zeigt einige Beispiele für ergänzende Serviceleistungen, die Sie unter Umständen einsetzen können:

SERVICEBEISPIELE IN DER VORLEISTUNGSPHASE:

- Eine Telefonhotline für Beratungsfragen als 0800er-Telefonnummer kann eine gute Serviceleistung sein. Es existieren einige Trainer, die einen solchen Service anbieten.

- Buchungsmöglichkeiten über verschiedene Kanäle. Der Kunde muss sich via Website oder Landingpage, Telefon oder E-Mail anmelden können. Auch die Registrierungsmöglichkeiten über XING, Facebook und selbst Twitter – als Link auf eine Landingpage – sind heute selbstverständlich. Zudem bieten Sie – vor allem, wenn Sie sich an eine breite oder sehr hochrangige Zielgruppe richten – auch noch die Anmeldung über Brief/Postkarte und Fax an, auch wenn diese Kanäle zunehmend an Bedeutung verlieren.

- Viele Trainer nennen Referenzkunden mit Telefonnummer, damit Kunden mit anderen Kunden Rücksprache halten können. Dieser Einsatz von Testimonials kann sehr erfolgreich sein, da Vertrauen aufgebaut wird. Typische Informationen, die angegeben werden, sind: Name der Referenz, Unternehmen, Position, Telefonnummer oder E-Mail-Adresse.

- Einige Trainer bieten eine Bildungsbedarfsanalyse oder eine Einordnung der Vorkenntnisse an. Viele Teilnehmer möchten wissen, ob sie in das Leistungsspektrum des Angebotes passen.

- Umfangreiches Informationsmaterial in Papierform und online kann den Kunden helfen, die Leistungen des Trainers besser einzuschätzen.

- Buchungsservice: Wenn die Seminare mehrtägige Veranstaltungen sind und die Teilnehmer unter Umständen übernachten müssen, dann können Hotelvorschläge, Restauranttipps und Hinweise für die Abendgestaltung sehr hilfreich sein.

- Anmelde- und Reservierungsbestätigungen sollten für serviceorientierte Trainer ein Muss sein.

- Vorbereitungsmaterial, lange vor dem Seminar zugeschickt, kann einen echten Nutzen darstellen, da Ihre Kunden sich dann richtig vorbereiten können.

- Probetrainings oder Hospitationen können die Eingangsschwelle bei vielen Kunden reduzieren.

SERVICEBEISPIELE IN DER KERNLEISTUNGSPHASE:

■ **Anpassung der Inhalte an den Bedarf der Teilnehmer**
Der konkrete Bedarf der Teilnehmer sollte im Mittelpunkt der Schulung stehen.

■ **Begrüßung, Empfang, Verabschiedung**
Dies sollte selbstverständlich sein, ist es bei einigen Trainern/Referenten aber scheinbar nicht.

■ **Verpflegung**
Ein Trainer, der für ein Seminar 1300 Euro pro Teilnehmer berechnet und dann den Teilnehmern mitteilt, dass sie Mittagessen selber bezahlen sollen, wird mit Sicherheit keine Zufriedenheit auslösen.

■ **Skript**
Die Zeiten, in denen Teilnehmer alles mitschreiben mussten, sollten vorbei sein. Gute Unterlagen sind ein wesentliches Qualitätskriterium für Trainer.

■ **Seminarunterlagen**
Ein Kugelschreiber und ein Block, damit die Teilnehmer etwas mitschreiben können, sollten bei jedem Trainer selbstverständlich sein. Die Kosten belaufen sich dabei im Schnitt auf lediglich zwei Euro pro Person.

SERVICEBEISPIELE BEI DER NACHBEREITUNG:

Auch nach der Schulung können zusätzliche Serviceelemente die Qualität positiv beeinflussen:

■ Die Rechnungen sollten nachvollziehbar sein und einen kundenorientierten Aufbau haben. Beschreibungen mit Kürzeln und internen Seminarnummern sind immer noch die Regel. Auch ein großzügiges Zahlungsziel kann ein Serviceelement darstellen.

■ Viele Trainer bieten eine Hotline, um nach Seminarveranstaltungen noch einmal Rücksprache mit den Referenten halten zu können.

■ Materialien, die die Umsetzung der Inhalte in die Praxis unterstützen, werden von vielen Teilnehmern als Serviceelement wahrgenommen.

■ Fotoprotokolle von Seminaren gehören bei guten Trainern mittlerweile zum Grundangebot. Üblicherweise werden sie mittlerweile zusammen mit anderen digitalisierten Unterlagen und Arbeitshilfen im (passwortgeschützten) Downloadbereich der Homepages angeboten.

Mehrwert über Service Diese Servicebeispiele zeigen, wie Sie Ihre Leistung deutlich attraktiver gestalten können. Damit haben Sie auch eine Möglichkeit, im Preiswettbewerb zu zeigen, dass Sie mehr wert sind. Achten Sie aber darauf, dass sich Ihre Serviceelemente auch rechnen müssen. Der zusätzliche Service macht nur dann Sinn, wenn er von Ihren Kunden auch entlohnt wird.

Sie haben also ein gutes und überlegtes Angebot für Ihren Markt. Dann müssten Sie ja auch überzeugt sein, dass es genau das Richtige für Ihren Kunden ist, dass es ihm weiterhilft. Jetzt kommt es also darauf an, dass Sie selbst an sich glauben. Und diese Wertschätzung auch nach außen vermitteln.

1.2 DIE TRAINERPERSÖNLICHKEIT

Trainermarketing unterscheidet sich interessanterweise kaum vom Marketing für Konsumgüter. Bei beiden Marketingformen geht man von einer Persönlichkeit aus. Eine Marke soll eine Markenpersönlichkeit darstellen und gute Trainer müssen eine echte Persönlichkeit darstellen.

Trainermarketing

Die innere Einstellung ist entscheidend. Willst du ein guter Trainer sein, dann schau zunächst in dich hinein!

Innere Einstellung

Es gibt Trainer, Berater und Coachs, die neben ihrer normalen Kernkompetenz auch das Akquisegeschäft beherrschen. Scheinbar Ausnahmen, wenn man bedenkt, wie viele Trainer ständig über die schlechte Auftragslage klagen. Aber: Akquisition ist lernbar!

Akquisition ist im Wesentlichen eine Kommunikationsaufgabe und eine solche Aufgabe sollten Sie als Trainer beherrschen.

Kommunikationsaufgabe

Woran liegt es, dass einige Trainer und Berater die Akquisition scheuen? Wir haben nachgefragt:

- *»Ich komme mir immer wie ein Bittsteller vor, wenn ich einen Kunden anrufen muss.«*
- *»Kaltakquise? Kunden einfach so anrufen? Das kann ich überhaupt nicht.«*
- *»Ich bin halt kein Verkäufer. Wie stehe ich denn da, wenn ich dem Kunden etwas aufschwatze?«*

Es liegt – wie sollte es anders sein – meist an der inneren Einstellung! Sie kennen das, denn zum Thema »innere Einstellung« sind Sie der Profi.

In Trainings-, Beratungs- oder Coachingsituationen arbeiten Sie oft an der inneren Einstellung Ihrer Teilnehmer. Manchmal ist es harte Arbeit und am Ende eines langen Trainingstages haben Sie es dann möglicherweise wieder geschafft, einen Teilnehmer

- zu überzeugen,
- zu begeistern oder
- zu bewegen.

Nur das mit der eigenen Einstellung, mit dem Griff zum Telefonhörer, mit der Überwindung, diesen oder jenen eher kalten oder warmen Kontakt anzurufen, das haben viele Menschen nicht verinnerlicht.

Das muss nicht sein. Wer in unserem Trainer-Business nicht vorleben kann, was er von seinen Teilnehmern fordert, verliert schnell an Glaubwürdigkeit und noch schneller einen Kunden.

Lage des Kunden Versetzen Sie sich einmal in die Lage eines Kunden, der einen Trainer für ein Verkaufstraining einkaufen soll. Das standhafte Führen von Preisgesprächen soll dabei nicht zu kurz kommen.

Nach der kritischen Rückfrage des Kunden zur Preisgestaltung und der Anmerkung, dass da ja bestimmt noch etwas »zu machen sei«, antwortet der Trainer reflexartig, dass man über den Preis sicherlich immer sprechen könne. Der Kunde hat jetzt bestimmt kein gutes Gefühl dabei, diesen Trainer seinen Mitarbeitern als Trainer zum Thema »*Standhaftigkeit bei Preisgesprächen*« anzubieten.

Inneres Team Das innere Team befragen: Die Methode des »Inneren Teams« kann Ihnen helfen zu überprüfen, welche Stimmen in Ihrem inneren Team laut werden, wenn Sie sich davor scheuen, zum Telefonhörer zu greifen. Hier ein paar Anregungen:

- **Herr Drücker,** der auf Teufel komm raus jeden anrufen will und dann von **Herrn Zurückhaltend** gebremst wird. Dieser wird wiederum von **Frau Bedenkenträgerin** bestärkt, denn man ruft nun mal nicht einfach so einen fremden, potenziellen Kunden an. Aber da gibt es auch noch

- **Frau Erfahrung,** die fachlich auf der Höhe ist und weiß, was sie als Trainerin zu bieten hat. »*Mensch, die Kunden können doch meine Dienstleistung gut gebrauchen.*« Und darin bestärkt sie auch

- **Herrn Finanzverwalter.** »*Aufträge müssen ins Haus.*« Schließlich gilt es, Monat für Monat die laufenden Kosten zu decken.

- Und dann meldet sich plötzlich wieder **Herr Sorglos:** »*Es ist doch noch immer gut gegangen. Auch ohne direkte Akquise.*«

- Und **Frau Hochnäsig** meint zustimmend: »*Akquirieren? Das habe ich nicht nötig. Die Kunden werden schon kommen, wenn sie meine Leistung zu schätzen wissen.*«

- Und **Herr Kaufmann** mahnt schließlich, dass ein Trainer doch auch mal kaufmännisch an das Thema Akquisition herangehen muss.

Sie sehen, es gibt eine Menge Für und Wider rund um das Thema eigene Akquisition.

> Nehmen Sie sich an dieser Stelle ein wenig Zeit. Legen Sie das Buch beiseite und schreiben Sie die Protagonisten auf, die sich in Ihrem inneren Team zu Wort melden, wenn es um das Thema Auftragsgewinnung geht.
>
> **?**

Berater versus Verkäufer

Dazu zwei Fragen, bitte antworten Sie spontan:
- Wer möchten Sie in den Augen Ihrer Kunden sein?
- Wen hätten Ihre Kunden gerne als Akquisiteur vor sich?

Verkäufer im klassischen Sinn wollen viele Mitarbeiter in Verkäuferberufen nicht sein. Außerdem haben in unseren Breitengraden viele Kunden etwas gegen »Verkäufer«. In der Regel steckt da ein ganz bestimmtes Bild von einem Verkäufer dahinter – ein Bild von einem Menschen, der jemandem etwas verkauft, was dieser gar nicht benötigt. Kunden haben genau vor dieser Situation Angst, d. h., sie befürchten, plötzlich etwas zu besitzen, was sie im Grunde nicht benötigen.

Auf der anderen Seite werden die Mitarbeiter, die immer nur gerne Berater sein wollen, von ihren Vorgesetzten schnell als Anwalt der Kunden bezeichnet. »*Da kommt ja nichts bei rum!*«

Verkaufender Berater

Gibt es einen Mittelweg? Ja, den gibt es. Der verkaufende Berater!

Am Ende eines perfekten Verkaufsprozesses steht ein Kunde, der Ihnen eine Dienstleistung abkauft. Er sagt: »*So, wie Sie mir das angeboten haben, hätte ich das gerne!*«

Rücklaufquoten

Verkaufen müssen Sie immer nur »hart«, wenn Sie versuchen, jemandem etwas zu verkaufen, was er nicht braucht, z. B. im Direktmarketing. Hier kommen manchmal Rücklaufquoten von 3 % und weniger zustande. 97 % der Briefempfänger benötigen die in diesen Mailings angebotene Ware oder Dienstleistung scheinbar nicht.

In anderen Verkaufssituationen reden die Verkäufer schon mit »Engelszungen« auf den Kunden ein und »*drehen die Daumenschrauben im Verkaufsgespräch immer enger*«. So funktioniert Verkaufen heute nicht mehr!

DRÜCKER VERSUS BERATER

Der Drücker ...	Der Berater ...
... hat eine Ware, die er um jeden Preis absetzen muss.	... fragt seine Kunden nach Ihren Bedürfnissen und hat für verschiedene Situationen unterschiedliche Lösungen parat
... kennt kein Beziehungsmanagement. Er kennt nur sich, sein Produkt und denkt an seine Provision.	... denkt an seinen Kunden. Kann sich empathisch in seine Situation versetzen und beherrscht die Klaviatur des Beziehungsmanagements.
... versucht immer das schnelle Geschäft. Kundenbindung ist ihm nicht wichtig.	... stellt das Ziel, loyale Kunden zu gewinnen, in den Vordergrund seiner Aktivitäten.

Bleiben Sie ganz Sie selbst

In der Vergangenheit gab es bestimmt Akquisegespräche, bei denen Sie sich besser oder schlechter gefühlt haben. Und wenn Sie mal in die Vergangenheit zurückblicken, dann hat dies nicht immer nur mit erfolgreichen und weniger erfolgreichen Gesprächen zu tun.

Unser Tipp: Bleiben Sie in Akquisegesprächen Sie selber, seien Sie selbstsicher. Je selbstsicherer und gewinnender Sie auftreten, desto authentischer kommen Sie bei Ihrem Gegenüber an. Und diese selbstsichere Ausstrahlung ist wertvoller als eine schriftliche Referenz in Ihrer Imagebroschüre.

Selbstsichere Ausstrahlung

Lernen Sie sich selber mit den Augen Ihrer Kunden zu sehen. Stärken Sie Ihre Wahrnehmung von sich selbst. Wenn Sie ehrlich zu sich sind: Alles Dinge, die Sie Ihren Teilnehmern auch immer wieder nahe bringen!

Da sind bestimmt auch Gespräche dabei, aus denen vielleicht nicht direkt, aber ein paar Tage später ein Auftrag entstanden ist. Ihr inneres Gefühl hatte Recht, es war ein gutes Gespräch, Sie sind gut angekommen, konnten Ihren Kunden von Ihnen, Ihrer Art zu beraten und Ihrer Fachkompetenz überzeugen.

Erkennen Sie die Muster? Sie befinden sich auf dem Mittelweg! Auf dem Weg zum verkaufenden Berater.

Erfolgreiche Akquisiteure entwickeln ein hohes Maß an Selbstsicherheit. Und die Nebeneffekte dieser Selbstsicherheit sind enorm. Gegenüber Ihren Teilnehmern verbessern Sie Ihre Trainerposition, denn wer vorlebt, darf auch einfordern.

Und in Akquisesituationen gilt: Wer vorlebt, wirkt seinen Kunden gegenüber authentischer. Wenn Sie als Trainer nicht nur auf der kognitiven Ebene erzählen können, welches Know-how Sie haben, sondern dieses Know-how auch

- offen zeigen,
- vorleben, was Sie den Teilnehmern zu vermitteln vermögen, und
- die praktischen Ergebnisse dieses Vorlebens vorweisen,

Glaubwürdigkeit

dann wirken Sie deutlich glaubwürdiger. Ihre Kunden können Ihnen leichter einen Auftrag zukommen lassen, denn diese empfehlen Sie ja sozusagen ihren Kollegen, d.h. Ihren zukünftigen Teilnehmern, weiter!

Denken Sie immer daran: Sie verkaufen nicht nur Ihre Trainings-, Beratungs- oder Coaching-Dienstleistung, Sie verkaufen vor allem Ihre Persönlichkeit und Ihr Know-how. Denn Anfassen können Ihre Kunden Ihre Dienstleistungen in der Regel nicht. Damit sind Sie selbst der wichtigste Faktor im Verkaufs- und Beratungsprozess.

In diesem Buch werden Sie Handwerkszeug an die Hand bekommen, welches Ihnen professionelle Akquisition ermöglicht bzw. erleichtert. Eines ist jedoch unbestritten: Akquisition nur zu »können« reicht nicht aus. Sie müssen es auch »wollen« und überzeugt davon sein. Es kommt also nicht unerheblich auf Ihre innere Einstellung an.

1.3 DIE AUSSENDARSTELLUNG

Genauso wie an Ihrem Außenauftritt wird man Sie auch an Ihrer Außendarstellung messen. *»Wie du kommst gegangen, so du wirst empfangen«*, das wird sich – vor allem im b2b-Bereich (Business-to-Business) auch nicht ändern. Das heißt, ebenso gepflegt, wie Sie beim Kunden auftreten, weil dieser daraus Rückschlüsse auf Ihre Kompetenz, Ihre Zuverlässigkeit, Achtsamkeit und Ordnung zieht, sollten alle Materialien Ihrer Außendarstellung sein. Denn sie unterstützen Ihre Akquise und sind Ausdruck Ihres ethischen, inhaltlichen und didaktischen Anspruchs und der entsprechenden Leistungen, eventuell Ihres USPs sowie Ihrer optischen und gestalterischen Vorlieben (emotional-appellativ bis nüchtern-unterkühlt).

Es gibt eine Reihe von Kommunikationsmedien und -mitteln, die Sie für sich nutzen können, um die Corporate Identity Ihres (Einzel-)Unternehmens nach außen zu tragen:

- Visitenkarte – Geschäftspapier – elektronische Unterlagen
- Flyer – Folder – Broschüre
- E-Mail-Textbausteine und -Visitenkarten – Newsletter
- Produktfolder – Success-Stories (gedruckte Erfolgsgeschichten mit Kundenberichten / Referenzen)
- Fotomaterial
- Infokarten (freecards) – Give-aways
- Website – Verknüpfung mit Portalen – Partnerprogramme
- Buchveröffentlichungen (Expertenwissen)
- Content-Kooperationen (Wissen gegen Werbung)
- Referenzen – Empfehlungsmanagement – Networking
- Ungewöhnliche Marketingmaßnahmen mit kleinem Budget, aber großem kommunikativem Output (sogenannte »Below the Line«-Maßnahmen)
- Anzeigen – Werbung – Schilder – Außenwerbung

- Öffentlicher Expertenstatus (Vorträge)
- Pressearbeit

Diese Formen finden Sie in diesem Buch beschrieben. Kommunikationsmittel und -medien, das sind eben nicht nur gedruckte Flyer, das sind letztlich alle Instrumente, mit denen Sie Ihre potenziellen Kunden erreichen und von sich überzeugen. Letztlich zählen Sie selbst auch dazu – Sie sind Ihr wichtigster Werbeträger.

> **Um ihren Wiedererkennungswert nicht nur inhaltlich, sondern auch optisch zu erhöhen, setzen viele auf ein Accessoire, das zu ihnen passt und immer wieder auftaucht.**

Etwa die studentische Rundbrille oder im Gegenteil ein äußerst modisches Brillengestell, das wie ein Signal wirkt, eine Anstecknadel, ein Halstuch, ein rasierter Kopf, ein imposanter Bart oder ein Leder-Trachtenjanker etc.

Außergewöhnlich und einprägsam wirkt auch eine besondere, einprägsame Grußformel für alle Schreiben, eine typische Redewendung oder ein besonders herzlicher oder z. B. landestypischer Begrüßungssatz am Telefon. Wenn Sie diese wirklich immer verwenden, wird man Sie immer sofort daran wiedererkennen. Ein uns bekannter Trainer unterschreibt immer mit: »*Ich wünsche Ihnen einen wirklich schönen Tag*« – und das klingt so viel persönlicher als das formelhafte »*mit freundlichen Grüßen*«.

CI – CORPORATE IDENTITY

Das Eigenbild eines Unternehmens in der Darstellung nach außen.
Dazu gehören:

CD – Corporate Design
Legt die einheitliche visuelle Sprache fest: Logo, Symbole, Schriften und Farben, Leitlinien für Werbung und Verkaufsförderung.

CIm – Corporate Imagery
In dem Maße, in dem die Wichtigkeit der Bildkommunikation für Unternehmen erkannt wird, steigt auch der Anspruch an die CIm.

CC – Corporate Communication
Kommunikationscode eines Unternehmens; u. a. »Wording« für Öffentlichkeitsarbeit, Mitarbeiter-Kommunikation, Werbung.

CA – Corporate Attitude
Fasst die erwünschten Verhaltensgrundsätze zusammen.

Kommunikationslinie Wenn Sie als Selbstständige oder als Unternehmensgründer selbst über Ihre Außen-Kommunikation entscheiden können, dann können Sie Ihre komplette Kommunikationslinie als Persönlichkeitsmarke mit einem Foto von Ihnen versehen. Menschen erinnern sich an Menschen, weniger an Schriften. Wie oft hören Sie: »*An ein Gesicht kann ich mich noch nach Jahren erinnern, aber Namen vergesse ich sofort.*«

Wiedererkennungswert Also: An den Menschen auf dem Foto auf Ihrer Visitenkarte erinnert man sich auch noch Wochen, Monate, ja Jahre nachdem Sie die Karte überreicht haben. Dasselbe professionelle und sympathische Foto wird sich auf Ihrem Geschäftspapier, Ihren Flyern und Ihren Mailings wiederfinden – so erreichen Sie den größten Wiedererkennungswert und bleiben in Erinnerung.

»Below the Line«-Maßnahmen Dies bewährt sich auch bei allen Direct Mailings (Werbebriefen) und bei ungewöhnlichen Marketingmaßnahmen, die auch als »Below the Line«-Maßnahmen bezeichnet werden.

»BELOW THE LINE«-MASSNAHMEN

Sammelbezeichnung für alle Formen der Werbung, die nicht in den klassischen Medien wie gedruckter Presse, Radio, Fernsehen, Kino und Außenwerbungsmedien betrieben wird. Dazu werden unerwartete Aktionen und unkonventionelle Produkte und Medien genutzt, um die »Übernervung« des Marktes mit Werbung zu umgehen. Oft wird mit Überraschungseffekten, (schwarzem) Humor und aufmerksamkeitserregenden Assoziationen gearbeitet.

Zur Vorbereitung Ihrer Akquisition gehören also einige Aspekte Ihres Selbst- und Markenmanagements, quasi Ihres Persönlichkeitsmarketings, die wir uns in den vorigen Abschnitten angesehen haben.

Selbst- und Markenmanagement

Das ist gutes und bewährtes Handwerkszeug. Und darüber hinaus werden Sie vermutlich täglich von einer Menge von »Heilsversprechen« erreicht, die alle sagen: »*Bilden Sie sich noch zum XY weiter, dann sind Sie beim Zukunftstrend dabei*« oder »*Mit dieser Lizenz von YZ werden Sie mehr Kunden erreichen und von Z profitieren*«. Aber: Macht es wirklich Sinn, wenn jetzt alle Trainer zu Coachs werden? Schauen wir uns im Folgenden mal einige der Trends auf ihre akquisitionsunterstützende Hebelwirkung hin an.

1.4 TRENDS

Weil angesichts sinkender Weiterbildungsbudgets in vielen Unternehmen einige Trainingsunternehmen und Einzeltrainer, aber auch die Szene an sich unter Druck geraten sind, werden in regelmäßigen Abständen neue Trends ausgerufen, die aus der Misere helfen sollen. Schauen wir uns einige davon im Einzelnen an unter der Frage »*Hope – or Hype?*«.

1.4.1 E-LEARNING UND BLENDED LEARNING

E-Learning, Blended Learning und M-Learning, das sind einige Schlagworte für Trends, die sich etabliert haben unter dem Motto: »*Das wird kommen, seien Sie dabei, profitieren Sie davon auf dem Markt.*« Dahinter verbergen sich allerdings etwas unterschiedliche Konzepte, die unterschiedlich bewertet werden müssen.

E-Trainer Allen gemein ist: Der E-Trainer vereint die klassische Rolle des traditionellen Trainers mit der neuen Rolle des virtuellen Lernbegleiters. Onlinementor, E-Coach, E-Tutor, E-Trainer, Tele-Tutor, Tele-Coach – eine Vielzahl von Bezeichnungen für diese Berufs(bild)erweiterung schwirrt umher – und das sicher nicht zuletzt, weil sich damit eine Reihe von Zusatzqualifikationen verkaufen lassen. Zunächst ist also der Trainer das Objekt der akquisitorischen Begierde. Und dafür sollte er wissen, was ihm diese zusätzliche Qualifizierung und sein zusätzliches Angebot an den Kunden hinsichtlich der Marktpositionierung (Kernkompetenzen, USP) und der Akquisitionsunterstützung bringen können.

E-Learning Grundsätzlich stellt *E-Learning* eine Weiterentwicklung des Fernunterrichts auf der Basis der Computer- und Internettechnologie dar. E-Learning bedeutet, dass die Lernenden und Lehrenden (E-Trainer, E-Tutor) primär über das Internet miteinander kommunizieren und kooperieren; die Lernmaterialien werden oftmals auch im Internet bereitgestellt.

Blended Learning Präsenzphasen können – oft in einem etwas reduzierten zeitlichen Umfang – durchaus in E-Learning-Szenarien eingebettet sein: Man spricht dann von *Blended Learning*.

Ausprägungen des E-Learnings auf Trainerseite sind:

- **Online-Teaching**
  internetgestützte Fachvorträge und Präsentationen ohne
  Interaktionsmöglichkeiten seitens der Lernenden
- **Online-Tutorials**
  geführte oder flexible Einsätze von CBTs und WBTs
- **Online-Assignments**
  Fallbearbeitungen, Webquests, also Internet-Recherche-
  aufgaben und Online-Assessments (Testverfahren)
- **Online-Discussions**
  teamzentrierte Lehrmethode, z.B. Gruppendiskussionen in
  sogenannten virtuellen Klassenzimmern

... und dafür können eine Vielzahl an Instrumentarien wie

- WBTs (Web-based Trainings = internetgestützte Trainings),
- CBTs (Computer-based Trainings = rechnergestützte
  Trainings),
- Chats, Foren, Blogs, E-Mail-Betreuungen, Internet-Foren
  und -Chats (asynchrone und synchrone Kommunikations-
  medien),
- Messenger-Systeme (online gestützte Echtzeitkommunika-
  tion)
- Virtual Classrooms (virtuelle Klassenzimmer) und
- LMS (Learning-Management-System = Lernplattform)

im Mix eingesetzt werden.

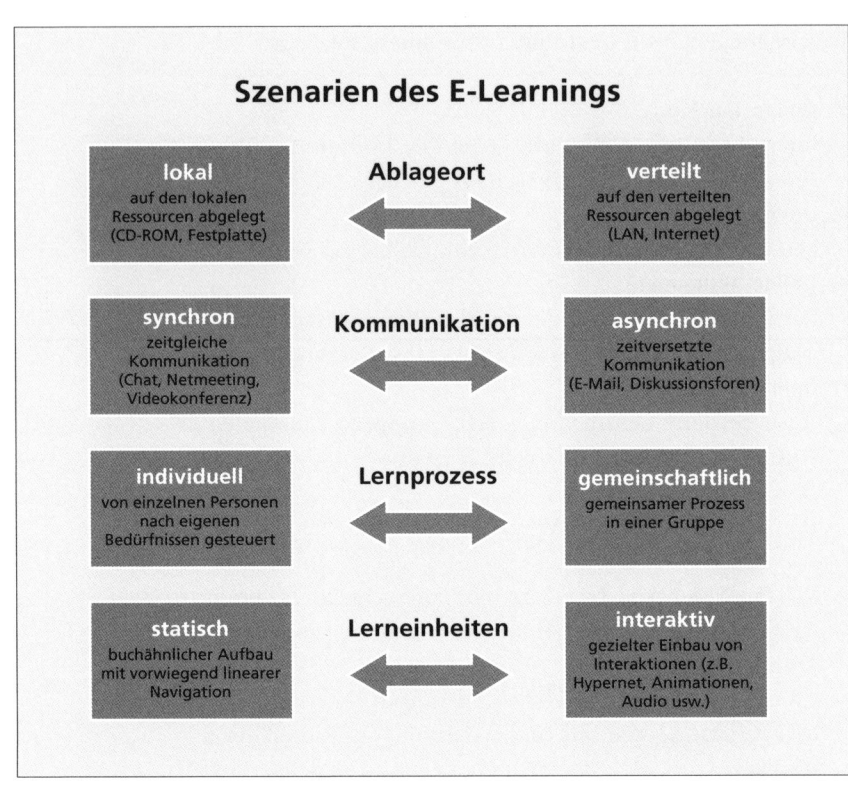

Szenarien des E-Learnings

	Ablageort	
lokal auf den lokalen Ressourcen abgelegt (CD-ROM, Festplatte)	⬅➡	**verteilt** auf den verteilten Ressourcen abgelegt (LAN, Internet)
synchron zeitgleiche Kommunikation (Chat, Netmeeting, Videokonferenz)	**Kommunikation** ⬅➡	**asynchron** zeitversetzte Kommunikation (E-Mail, Diskussionsforen)
individuell von einzelnen Personen nach eigenen Bedürfnissen gesteuert	**Lernprozess** ⬅➡	**gemeinschaftlich** gemeinsamer Prozess in einer Gruppe
statisch buchähnlicher Aufbau mit vorwiegend linearer Navigation	**Lerneinheiten** ⬅➡	**interaktiv** gezielter Einbau von Interaktionen (z.B. Hypernet, Animationen, Audio usw.)

> **(Fast) alle diese Medien gibt es mittlerweile auch als sogenannte Open Source Software, die Sie kostenfrei oder gegen einen geringen Obolus nutzen können. Dabei dürfen Sie sogar Geld damit verdienen, wenn Sie diese Ihren Kunden anbieten. Das kann ein echtes Differenzierungsmerkmal sein!**

Zusatzqualifizierung

Fazit: Reines E-Learning ist eher geeignet, wenn Sie Ihre Medien multimedial aufbereitet vertreiben wollen. Eine Zusatzqualifizierung als E-Trainer, E-Coach oder E-Tutor kann allerdings ein für den Wettbewerb entscheidender Akquisefaktor sein, da Sie damit über das Rüstzeug verfügen, alle möglichen technologischen Entwicklungen auf ihre Nützlichkeit für den Lern- oder Transferfortschritt zu evaluieren und gegebenenfalls in Ihre Trainings zu integrieren und sich so als besonders innovativ, zukunftsorientiert, umsetzungsstark oder an Nachhaltigkeit interessiert zu positionieren.

Selbstverständlich kann E-Learning auch ein Umsatzfaktor sein – aber versprechen Sie sich davon nicht zu viel.

Stellen Sie gerade im Rahmen dieser neuen oder zusätzlichen Positionierung die Inhalte und Didaktik nach vorne und rücken Sie die Technik und die Technologie in den Hintergrund. Kunden sind ausschließlich am Anwendungswert und an der Performancesteigerung durch die E-Learning-Szenarien interessiert; nicht daran, wie mächtig doch das Software-Paket ist.

Blended Learning – auch *hybrides Lernen* genannt – zeichnet sich durch die intelligente, zielführende Verbindung von Präsenz-Trainingsphasen mit Online- und Offlinemedien aus. Dabei wird häufig Präsenz-Trainingszeit eingespart (schlecht für Sie), diese wird aber in die elektronisch unterstützte Vor- und Nachbereitung von Inhalten sowie die intensive Kommunikation zwischen Trainer oder Coach investiert (gut für Sie). Blended Learning hat in Vergleichsuntersuchungen mehrfach bewiesen, dass dies für alle Lernertypen die am besten geeignete, nachhaltigste Lern- und Vermittlungsform ist!

Verbindung mit Präsenzphasen

Aber: Blended Learning verlangt viele zusätzliche Kompetenzen vom Trainer, vor allem den Aufbau entsprechender Kurspakete sowie Lernszenarien betreffend.

Blended Learning ist mit Sicherheit ein Trend, der Ihnen ein Unterscheidungsmerkmal auf dem Markt verschaffen kann. Selbstverständlich eignen sich nicht alle Themen und auch nicht alle Trainings-, Seminar- und Coachingsituationen gleich (gut) dafür, doch kann selbst die Unterstützung eines Coachs mit multimedialen Lernmedien sehr gut funktionieren.

Die bekanntesten und am stärksten verbreiteten Open-Source-Lernplattformen (alphabetische Reihenfolge):

- ATutor
- Covidia
- dotLRN
- Ilias
- Moodle
- Olat
- Stud.IP
- ZOPE

Die größte Übersicht über die OpenSource-LMS (Learning-Management-Systeme)/-CMS (Content-Management-Systeme) und weitere nützliche Software findet sich auf der Webseite des UNESCO Free Software Portal:

http://portal.unesco.org/ci/en/ev.php-URL_ID=12034&URL_DO=DO_TOPIC&URL_SECTION=201.html

M-Learning Unter *M-Learning* (mobile learning) versteht man Wissensbausteine für berufliche Anforderungen oder auch kurze Kurseinheiten, die – früher über PDA – heute auf Smartphones oder Tablet-Computer wie das iPad heruntergeladen und dort komfortabel zur Weiterbildung oder Auffrischung genutzt werden. So entstehen völlig neue Lern-, Bildungs- und Wissensangebote: Kleine, in Apps organisierte Wissensdatenbanken, Smartphone-Unterstützungseinheiten fürs Selbstcoaching in Sachen Persönlichkeitsentwicklung, Fitness, Bildung, Sprachen und »Appinar« genannte Themenkurse oder auch mobile, themenbezogene Bildungsexkursionen.

Der Vorteil des M-Learnings liegt in der absoluten Flexibilität, in der Vielzahl der einbindbaren, bereits für die verschiedenen Plattformen entwickelten Apps und im ständigen, leichten und direkten Zugang: Smartphone-Besitzer sind nahezu ständig online – und sie haben oft eine fast innige Beziehung zu ihrem »Handheld«, das für sie zunehmend zum Ratgeber und Organisator in allen Lebensfragen wird.

Lernen am Beispiel: eine Hitlist der Weiterbildungs-Apps finden Sie hier: http://www.3gapps.de/bildung **TIPP**

Mobile Learning – wie auch immer künftig etikettiert – ist mit der rasanten Verbreitung von Smartphones, Weiterbildungs-Apps, »Appinaren« und Tablet-Computern wie iPad Trendthema. Das heißt allerdings nicht, dass Trainer, Berater und Coachs dies ohne weiteres zu einem Business-Modell machen können. Oftmals beschränken sich die Anwendungen noch auf reine Marketingtools und Hilfsmittel zum Up- oder Cross-Selling, die zunächst für die Anbieter einen finanziellen und inhaltlichen Invest bedeuten: Kostenpflichtige M-Learning-Applikationen müssen schon einen sehr großen Mehrwert bieten. Angesichts des ubiquitären Internets wird mobile Learning sich aber zunehmend entwickeln.

Als weiterer Trend wird sich Augmented Reality, also die Verknüpfung realer Szenarien mit digitalen Zusatzinformationen, auch in der Weiterbildung etablieren. Neben den trainerischen und didaktischen Ansprüchen geht es derzeit noch um die Herausforderung, geeignete Business-Modelle zu finden.

> **TIPP** Einen spannenden Überblick der Trends bei Lerntechnologien aus den Horizon Reports 2004 – 2011 hat Jochen Robes (www.weiterbildungsblog.de) zusammengestellt: http://www.flickr.com/photos/50946100@N00/5429102254/

1.4.2 ZUSATZQUALIFIKATIONEN

Kombination von Qualifikationen

Zum Thema Qualifikationen zeichnen sich in den letzten Jahren einige Trends ab. Ein wesentlicher Trend ist die Kombination von Qualifikationen. Haben noch vor Jahren Vertreter einer bestimmten Ausbildungsrichtung diese als die Qualifikation schlechthin dargestellt, so wird heute zunehmend die Vernetzung auch innerhalb klassischer Ausbildungen, wie der »Lehre«, propagiert. Da ist bei dem einen Weiterbildungsanbieter von systemischer Transaktionsanalyse die Rede, bei einem anderen können Sie etwas über das Zusammenwirken von NLP und systemischen Aufstellungen lernen.

Regelmäßige Weiterbildung

Im ersten Kapitel haben wir uns mit dem Vor-Leben, also dem positiven authentischen Beispiel, beschäftigt. Damit gelangt auch Ihre regelmäßige Weiterbildung, das Aneignen von Zusatzqualifikationen, in den engeren Kreis unmittelbarer Akquisitionstools. Denn wie wollen Sie einem Kunden glaubhaft erklären, dass es für ihn sinnvoll ist, seine Mitarbeiter regelmäßig zur Weiterbildung anzuhalten, wenn Sie selber mit Wissen von vor zehn Jahren unterwegs sind? Im Umkehrschluss können Sie einem Kunden begeistert von Ihren Weiterbildungsaktivitäten berichten und bringen so Ihr eigenes Weiterbildungsverhalten in den Akquiseprozess ein. Sie werden auf diese Weise in den Augen Ihrer Kunden an Glaubwürdigkeit gewinnen.

Das bedeutet für Sie:

- **Spezialisieren Sie sich auch durch einen eigenen Ausbildungsschwerpunkt.**
- **Entwickeln Sie diesen durch regelmäßige Ausbildung weiter.**
- **Kombinieren Sie Ihre vorhandene Ausbildung durch Zusatzqualifikationen.**

1.4.3 KOMBINATION VON PERSONALEM UND ORGANISATIONALEM VERSTÄNDNIS

Im ersten Kapitel haben wir erarbeitet, wie wichtig die Spezialisierung als Trainer, Berater oder Coach ist. Je spezialisierter Sie sind, desto eher werden Sie vom Markt wahrgenommen. Doch es gibt Einschränkungen.

Wenn sie mit ihrem Trainingsthema in die Organisation hineinwirken bzw. wenn sie mit ihrem Beratungsthema die Personalentwicklung berühren, dann brauchen Trainer Verständnis über die Wirkung ihrer Maßnahmen in die Organisation und Berater ein Verständnis davon, wie man organisationale Veränderungsprojekte mit denen der Personalentwicklung kombiniert.

Das gilt natürlich nicht, wenn Sie Mitarbeiter in Stil und Etikette trainieren. Die meisten Trainingsthemen, sei es Führung, Vertrieb oder Zeitmanagement – um nur ein paar herauszugreifen –, haben jedoch Auswirkungen auf die Organisation, innerhalb welcher Ihre Teilnehmer das Wissen anwenden sollen. Die Organisation gibt gleichermaßen auch die Grenzen für personale Veränderungsarbeit vor.

Sie müssen nicht unbedingt Trainer sein, wenn Sie von einem Unternehmen als Berater eingekauft wurden. Auch muss ein Trainer nicht zwingend den Beratungsteil eines größeren Veränderungsprojektes abdecken. Es ist jedoch wichtig, die Wirkungsweisen der eigenen Maßnahmen in die Organisation hinein beurteilen zu können. Dies gilt sowohl innerhalb der Konzeptions- als auch in der Durchführungsphase.

Was hilft es dem Unternehmen, wenn Sie als Trainer Ansätze mit den Mitarbeitern trainieren, die sich in der vorhandenen Organisationsstruktur nicht umsetzen lassen? Ebenso wenig macht es Sinn, organisationale Veränderungsprojekte anzustoßen und dabei die Personalentwicklung der Mitarbeiter außen vor zu lassen. Bei den Mitarbeitern, die nicht früh genug ins Boot geholt sowie mit den neuen Aufgaben in Kontakt gebracht werden, handelt es sich genau um die Mitarbeiter, welche für das Scheitern eines Projektes mit verantwortlich sind.

Es gibt keine OE ohne PE und keine PE ohne OE.

Gleiches gilt natürlich erst recht für das Coachen von Mitarbeitern, insbesondere von Führungskräften. Ein guter Coach versteht sowohl die Mechanismen der Personalentwicklung und Veränderungsarbeit als auch die Funktionsweisen von komplexen Organisationen. Nur so kann er seinem Mandanten professionelle Unterstützung bieten.

Eine Denkweise, die sich schon aufgrund ihres Grundmodells mit beiden Seiten, also der Seite der OE und der Seite der PE, beschäftigt, ist die systemische Denkweise. In der systemischen Theorie kommt ein Berater weder an personalen Fragestellungen noch an organisationalen Fragestellungen vorbei.

2. MARKTMANAGEMENT ZUR AKQUISITIONS- UNTERSTÜTZUNG

Das konkrete Akquisitionsgespräch beim Kunden werden Sie nur sinnvoll erreichen können, wenn Sie sich im Vorfeld richtig positionieren. Wir behandeln daher zunächst in diesem Kapitel die Themenbereiche Vertriebsmarketing, PR-Arbeit und Internet-Marketing, die klassische Werbung und Mailings. Diese Tools betrachten wir als Akquisehebel, um die in Kapitel 1 erarbeitete Positionierung (USP) am Markt für Kunden transparent zu machen, damit Sie als Trainer in das konkrete Akquisegespräch einsteigen können.

2.1 VERTRIEBSMARKETING

Betreiben Sie Marketing? Wenn wir diese Frage Trainern stellen, dann erhalten wir fast immer die Antwort »Ja«. Wie beantworten Sie diese Frage?

Effizientes Marketing Auch wenn jeder etwas anderes darunter versteht, erhält man trotzdem diese Antwort. In diesem Kapitel geht es daher zunächst um einige Grundlagen des Marketings für Trainer. In unserem Verständnis sind Marketing und Vertrieb untrennbar miteinander verbunden. Auch wenn Sie vielleicht zurzeit nur wissen möchten, wie Sie beim nächsten Kundengespräch zum Abschluss kommen, dann sollten Sie trotzdem Ihre Marketing-Hausaufgaben gemacht haben. Denn nur wenn Sie ein effizientes Marketing betreiben, dann können Sie auch davon ausgehen, dass Sie

für den Vertrieb und Ihre Kundengespräche eine deutliche Unterstützung erhalten. Im Folgenden werden wir uns mit Marketingaktivitäten im Zusammenhang mit dem Vertrieb auseinander-
setzen, dem sogenannten Vertriebsmarketing. Die nachstehende
Abbildung zeigt diesen Zusammenhang – orientiert am Kaufprozess des Kunden.

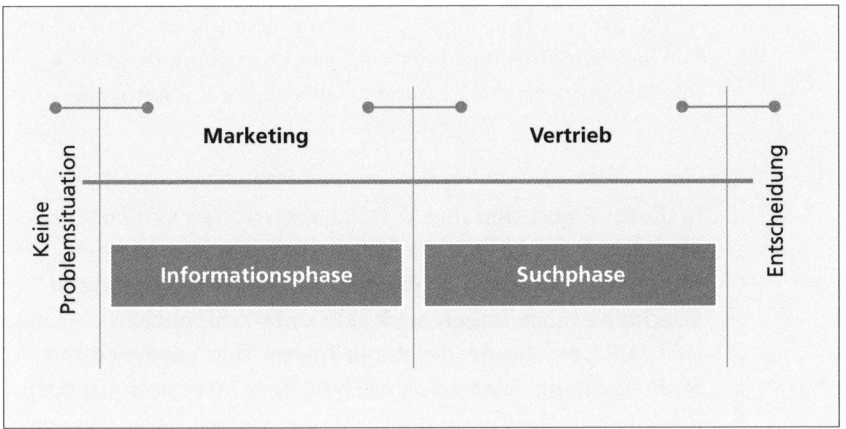

Beim Kunden findet sich im Regelfall zunächst die Situation,
dass er kein Problem zu lösen hat – oder keins zu haben glaubt.
In dieser Phase macht Vertrieb keinerlei Sinn, da ein Kunde hier
einen direkten Kontakt oft als Belästigung empfindet. Auch
Marketingaktivitäten haben in dieser Phase das Problem, dass
sie nicht wahrgenommen werden, und sind damit oft nicht wirklich effizient.

Der Kunde kommt in eine Phase, in der er erkennt, dass er ein
Problem zu lösen hat und dafür vielleicht auf einen Trainer oder
Berater zurückgreifen kann. In dieser Phase informiert er sich
zunächst einmal über die Lösungsmöglichkeiten, die Anbieter
und den Markt im Allgemeinen.

In dieser Phase funktionieren die klassischen Marketinginstrumente hervorragend, um sich als leistungsfähiger Trainer zu positionieren. Unter Umständen können Sie in dieser Phase den Entscheidungsprozess des Kunden maßgeblich beeinflussen.

Wenn der Kunde in dieser Phase für sich erkennt, dass er sein Problem mithilfe eines Trainers lösen kann, dann steigt er in den konkreten Suchprozess ein und holt sich konkrete Angebote ein.

In dieser Phase sind Ihre Vertriebsaktivitäten von besonderer Bedeutung, um diesen Prozess zu begleiten und den Kunden zur Entscheidung zu führen. Diese beiden Phasen überlappen sich, haben auch sehr unterschiedlichen Umfang. Das heißt, ein Kunde, der einen Trainer zum wiederholten Male bucht, hat eine wesentlich kürzere Informationsphase, da er ja den Markt und die Trainerlandschaft bereits kennt.

Positionieren Sie Marketing vor den Vertriebsaktivitäten

Aufmerksamkeit lenken

Die Ausführungen zeigen, dass Sie als Trainer nicht nur darauf bedacht sein sollten, in der konkreten Angebotsphase aktiv zu sein, sondern sich über Marketingaktivitäten bereits frühzeitig in der Welt des Kunden positionieren sollten. Mithilfe von Marketingaktivitäten können Sie die Aufmerksamkeit auf sich lenken und damit den gesamten weiteren Prozess beim Kunden steuern und lenken. Sie sind mit einem aktiven Marketing dann schlichtweg früher beim Kunden präsent als Ihre Wettbewerber.

Marketing hat damit im Wesentlichen zwei Aufgaben zu erfüllen:

- Zum Ersten hilft es Ihnen, sich strategisch zu positionieren und von Ihren Kunden wahrgenommen zu werden, und
- zum Zweiten wirken die unterschiedlichen Instrumente des Marketing auf Ihre Kunden ein und erleichtern Ihnen so die Akquisition.

Strategische Positionierung

Im Folgenden konzentrieren wir uns zunächst auf die strategische Fragestellung, wie Sie mit unterschiedlichen Vertriebswegen umgehen können und welche Regeln bei der Marketingkommunikation zu beachten sind. Die weiteren Marketinginstrumente haben wir mit den konkreten Akquisetätigkeiten verzahnt.

2.1.1 DER VERTRIEBSKANAL

Wie kommen Sie eigentlich an Ihre Kunden?

Viele Trainer akquirieren in der Regel direkt bei Unternehmen und sprechen dort oftmals die Geschäftsführung oder die Fachabteilungen an. Diese Vorgehensweise entspricht einem direkten Vertrieb. Eine andere Möglichkeit besteht darin, einen Zwischenhändler einzuschalten und so an mögliche Kunden zu gelangen. Diese Vorgehensweise entspricht einem indirekten Vertrieb. Beide Möglichkeiten haben ihre Vor- und ihre Nachteile.

Beim direkten Vertrieb sprechen Sie den einzelnen Kunden direkt selber an. Diese Vorgehensweise hat den Vorteil, dass Sie Ihre Kundenansprache selbst sehr gut steuern können, die Häufigkeit der Kontakte steuern, die konkreten Verkaufsargumente formulieren. Sie sollten jedoch beachten, dass Sie sämtliche Aktivitäten bei der Ansprache von potenziellen Kunden selber durchführen müssen, auch die anfallenden Kosten zu tragen haben.

Direkter Vertrieb

Die breite Mehrheit der Trainer spricht Kunden in der Regel indirekt an. Das heißt, es werden Mittler eingeschaltet, wie zum

Beispiel Bildungsträger oder Bildungswerke, um an die Kunden zu gelangen. Das heißt, ein Bildungsanbieter wie zum Beispiel eine Handwerkskammer, die IHK oder ein freier Seminaranbieter bietet Seminare an, akquiriert Kunden und schaltet einen freien Trainer ein, um die Seminarleistung anzubieten. Alternativ existieren im Markt auch Vermittlungsagenturen, deren grundlegendes Geschäftsmodell auf der Idee beruht, Trainer zu vermitteln. Sie können auch noch einen Schritt weiter gehen. Was halten Sie von Fachzeitschriften? Eine Kooperation mit einer Fachzeitschrift kann auch dafür sorgen, dass Sie mehr Teilnehmer für Ihre Seminare gewinnen. Diese Vorgehensweise hat für Sie den Vorteil, dass Sie die Tätigkeiten für die Akquise von Teilnehmern, die Durchführung auf ein Minimum reduzieren können, da Ihr Mittler diese Kosten trägt. Sie müssen jedoch mit einem geringeren Honorar vorlieb nehmen, als wenn Sie den Kunden selber ansprechen würden.

Viele Trainer versuchen diese beiden Ansprachearten zu kombinieren. Einen Teil der Auslastung erhalten sie durch Bildungsträger oder Traineragenturen, die ihre Leistungen anbieten, und einen weiteren Teil erhalten sie durch eigene Direktansprache.

Um Absatzmittler zu gewinnen, empfiehlt sich die folgende Vorgehensweise:

- **Suchen Sie Agenturen, Akademien und Multiplikatoren, die Ihre Zielgruppe ansprechen.**
- **Entwickeln Sie eine konkrete Leistung / ein konkretes Seminar, um die Zielgruppe dieser Multiplikatoren zu erreichen.**
- **Kontaktieren Sie diese Multiplikatoren, um sich und Ihre Leistungen vorzustellen.**

2.1.2 DIE KOMMUNIKATION

Ein sehr großer Bereich im Marketinginstrumentarium ist die Kommunikation mit möglichen Kunden. Auf der Basis Ihrer Positionierung sollten Sie Ihr Leistungsspektrum an eine breitere Öffentlichkeit transportieren, um so einen starken Vertriebshebel zu gestalten.

Marketing-kommunikation

Kommunikation mit der Öffentlichkeit soll Ihnen als Trainer die Möglichkeit eröffnen, möglichst zahlreiche Leads (Interessenten) zu generieren, die im eigentlichen Akquiseprozess zu einem Kunden gemacht werden können.

TIPP

Zur (vertriebsvorbereitenden) Marketing-Kommunikation im Weiterbildungsbereich dienen heute erfolgreich »Mini-Apps« und »Appinare« (siehe Seite 41), die Themen, Kompetenzen und Inhalte eines Trainers, Beraters, Coachs »anfüttern«. An der Nahtstelle zwischen Akquisition, Imagebildung und Weiterbildungsansatz bilden Webinare ideale Plattformen, um zielgruppenspezifisch neue Interessenten anzusprechen, zu informieren und einen umfassenden Eindruck der zu vermittelnden Weiterbildungsinhalte, der Methodik und insbesondere auch der Persönlichkeit des Trainers, Beraters, Experten zu liefern.

Kostenfreie Webinare dienen eher dem Agenda Setting, dem Imageaufbau und der Ansprache neuer Zielgruppen, kostenpflichtige Webinare der gezielten Vermittlung von Weiterbildungsinhalten. Zudem lassen sich Webinare hervorragend in hybride Lernwege einbauen, um Seminare und Trainings mit der Gruppe vorzubereiten, inhaltlich zu unterstützen oder – im Sinne der Transfersicherung und der Nachhaltigkeit – zu einem späteren Zeitpunkt Inhalte aufzufrischen und Fragen abzuarbeiten.

Die Marketingkommunikation füllt Ihnen sozusagen die Pipeline. Erfahrungsgemäß müssen Sie bei Ihren Kunden mehrere Stufen aktivieren:

1. Bekanntheitsgrad

Bekanntheitsgrad Die Kommunikation fußt in der Regel auf der Möglichkeit, einen Bekanntheitsgrad aufzubauen. Denn nur wenn ein Kunde Sie kennt, dann kann er Sie auch in die engere Wahl für einen Auftrag nehmen. Besonders im Trainermarkt ist dies ein wesentliches Problem für die Kunden, da der Markt unübersichtlich ist.

2. Wissen

Welche Themen? Der Kunde muss dann aber auch noch Wissen über Sie aufbauen. Er stellt sich Fragen wie: Welche Themen vertritt der Trainer? Was kann er? Wie kann er meine Probleme lösen? Diese Informationen müssen Sie transportieren können.

3. Werte

Welche Werte? Das Trainingsgeschäft ist ein Geschäft, das stark von der Person des Trainers geprägt wird. Daher stellen sich viele Unternehmen und deren Entscheider die Frage: Passt der Trainer zu uns? Welche Werte vertritt er? Wie beeinflusst er unsere Mitarbeiter?

4. Aktion

Welche Kontaktmöglichkeiten? Kommunikation soll dafür sorgen, dass Ihre potenziellen Kunden Kontakt mit Ihnen suchen und bei Ihnen konkrete Leistungen anfragen. Das heißt, Sie müssen bei Ihrer Kommunikation dafür sorgen, dass Ihre Kunden auch die Möglichkeit haben, einen Kontakt zu Ihnen aufzunehmen. Dabei sollten Sie alle Kontaktmöglichkeiten wie Telefon, Fax oder E-Mail zur Verfügung halten.

Um diese vier Schritte der Kommunikation abzubilden, stehen Ihnen zahlreiche Kommunikationsmittel zur Verfügung. Im Rahmen dieses Buches beschränken wir die Darstellung auf die Instrumente, die von Trainern am häufigsten eingesetzt werden. Dies sind Anzeigen, Mailings, die persönliche Ansprache, Networking und Öffentlichkeits- sowie Pressearbeit.

2.2 PR-ARBEIT

PR – das steht für Public Relations oder die deutsche Entsprechung: Öffentlichkeitsarbeit. Der Ausdruck ist schon nicht präzise – und so wundert es nicht, dass es eigentlich keine (wissenschaftlich) akzeptierte Definition von PR gibt. Festhalten kann man, dass damit eine Art der öffentlichen Kommunikation gemeint ist, die stets zielgerichtet ist: Sie zielt besonders auf langfristige Effekte wie Aufbau, Erhaltung und Gestaltung konsistenter Images und somit auf Vertrauen ab.

Public Relations

PR unterscheidet sich klar von Werbung (und Propaganda) und ist als Typ der öffentlichen Kommunikation mit Marketing und Journalismus als Subsystemen in Wirtschaft und Publizistik verwandt, mit denen sie in wechselseitigen Austauschverhältnissen steht. Pressearbeit verstehen wir hier als direkte Kommunikation zur Zielgruppe der Multiplikatoren in den Redaktionen hin. Klingt schwierig, das eine vom anderen zu trennen. Und das ist es auch, weil sie sich bedingen. Das hat aber auch Vorteile, weil PR so untrennbar mit den übrigen zentralen Marktmanagement-Methoden zur Akquisitionsunterstützung verbunden ist und Sie daher Synergien (»cross-effects«) in Ihrer Kommunikation und Akquisitionsstrategie erzeugen und nutzen können.

Cross-effects

2.2.1 PRESSEARBEIT: DIE EXPERTEN-KÜR

Pressearbeit

Die Experten-Kür ist in doppeltem Sinn zu verstehen: Sinn macht Pressearbeit nur, wenn Sie sich mit Ihrem USP wirklich als Experte positionieren und über Ihr Expertenthema was zu erzählen haben. Und Pressearbeit ist Expertenarbeit, wenn sie zur Kür werden soll.

Dazu müssen Sie sich ganz klar machen, über welche Medien Sie Ihre Zielgruppe(n) wirklich erreichen: Noch so bunte Seiten im Eselszüchtermagazin werden Ihnen wenig weiterhelfen, wenn Sie Führungskräfte in der chemischen Industrie über Ihre besondere Dienstleistung informieren wollen. Zugänglich für Ihre Informationen sind womöglich Fachzeitschriften im Weiterbildungsbereich. So ist fast die Hälfte der in einer aktuellen Studie befragten Redakteure in diesem Bereich an Pressemitteilungen zu neuen Trainingsprodukten, Konzepten und Tools interessiert. Und das lesen dann: andere Trainer, Coachs und Berater sowie PE-Experten.

Entscheider in Ihrer Branche

Doch über Trainings-, Seminar-, Beratungs- oder E-Learning-Budgets entscheiden oft andere. Und ja: Entscheider lesen andere Zeitschriften als Personalentwickler, HR-Experten, Trainer und Berater. Sie möchten aber lieber Entscheider in Ihrer Branche ansprechen – also bekommen Sie raus, was diese Menschen wirklich lesen und hören. Und wie Sie diese Redaktionen gezielt und nutzwertig ansprechen und bedienen können.

Und nein: *manager magazin* und *Wirtschaftswoche* (die am häufigsten genannten Wunsch-Medien von Trainern) warten nicht auf Ihre Artikel und Meldungen. Die *FAZ* will nicht über Ihre Auszeichnung berichten (O-Ton: »*Wir berichten noch nicht mal über den Nobelpreis.*«) und auch *WiSo* und *n-tv* erhalten durchaus Offerten von anderen Trainern und Beratern …

Definieren Sie von Beginn an, welche Erwartungen Sie an Pressearbeit haben, wen Sie wie erreichen möchten und welche Ziele Sie nach z.B. einem Jahr regelmäßiger und professioneller Pressearbeit erreicht haben wollen. Damit haben Sie nicht nur die Basis für Ihre Evaluation gelegt, sondern werden Ihre – niedergeschriebenen – Erwartungen nochmals realistisch überprüfen.

PR-Arbeit ist eine sehr anspruchsvolle Arbeit. Aber eine, die sich lohnt, denn wenig anderes wird Sie weiter bringen als die glaubwürdige und kostenlose Promotion über den Multiplikator Presse hin zu Ihrem Zielpublikum.

Multiplikator Presse

Pressearbeit und Akquise

»Weiterbringen«, das sagt sich so leicht. Doch wohin? Was kann Pressearbeit hinsichtlich Ihrer Akquisitionsstärke leisten – und was nicht?

Grundsätzlich sind PR- und Pressearbeit mittel- bis langfristig wirkende Instrumentarien. Das heißt, dass Sie im Allgemeinen keinen direkten Vertriebs- oder Akquiseerfolg werden verbuchen können, sollte eine Pressemitteilung oder ein Fachartikel von Ihnen erschienen sein. Jedenfalls nicht auf Anhieb.

Oder, anders gesagt, sollte das auf Anhieb gelingen, dann können Sie das getrost unter Zufall verbuchen: Sie haben gerade den »Kittelbrennfaktor« eines potenziellen Kunden getroffen, der zudem noch gerade auf der Suche nach einem entsprechenden Anbieter war. Im Allgemeinen sieht es aber so aus, dass Ihre möglichen Kunden oftmals keinen dringenden Handlungsbedarf haben – oder ihn wenigstens nicht (er)kennen. Daher kann Ihre Pressearbeit vor allem Aufmerksamkeit für bestimmte Problemfelder und – noch wichtiger – für die effiziente und nachhaltige

Kittelbrennfaktor

Lösung dieser Probleme erzeugen. Sie bereiten quasi inhaltlich das Feld, rücken ein bestimmtes Thema ins Interesse Ihrer Zielgruppe. Das nennt man auch Agenda-Setting.

AGENDA-SETTING BEDEUTET IN DIESEM ZUSAMMENHANG:

Sie setzen mithilfe Ihrer Öffentlichkeits- und Pressearbeit IHR Thema mit dem Druckfaktor (»was passiert«, »was läuft hier schief«, »was kostet ein solcher Missstand die Unternehmen« etc.) mit den (IHREN) Lösungsansätzen auf die Agenda der Presse und damit der Fachöffentlichkeit, d. h. Ihres Zielpublikums.

Vorbereitung Ihrer Akquise Was Pressearbeit zudem leisten kann, ist eine wirkungsvolle Unterstützung und Vorbereitung Ihrer Akquise – und unter Umständen auch eine Steigerung Ihres Marktwertes durch:

- Erhöhung Ihrer Sichtbarkeit auf dem Markt
- Kommunikation Ihrer Expertenpositionierung
- Zuschreibung von positiven Imagefaktoren wie Kompetenz, Glaubwürdigkeit, Wissenschaftlichkeit, Meinungsführerschaft (… ja, das denken Ihre Leser dann von Ihnen)
- Den erhöhten Aufmerksamkeitswert können Sie – als einzeln positionierter Experte – u. U. in erhöhte Tagessätze »ummünzen«
- Ansprache vieler Adressaten Ihrer Zielgruppe/Kernbranche

Feed forward Und das Ganze ist ein sich selbst bestärkender Kreislauf (»feed forward«): Je mehr man über Sie liest, je mehr Journalisten werden von Ihrem Expertenstatus erfahren. Je höher ist Ihre Glaubwürdigkeit, je leichter können Sie Themen und Artikel anbieten. »*Wer schreibt, der bleibt*«, so hieß es immer schon wenig charmant, aber zutreffend in der Wissenschaft.

Doppelte Zielgruppe bedienen

Im Rahmen Ihrer PR müssen Sie quasi eine doppelte Zielgruppe bedienen: die Journalisten/Redaktionen (Pressearbeit), die Sie ansprechen möchten – und deren Leser- und Hörerschaft (Öffentlichkeit = Öffentlichkeitsarbeit), die Sie über jene ansprechen wollen. Diese Zielgruppen haben unterschiedliche »technische Ansprüche«, wenn sie auch durchaus denselben informatorischen Anspruch teilen mögen. Daher müssen Sie vor allem die Ansprüche Ihres prioritären Kunden (Redaktion) erfüllen. Und zwar so, dass Sie der Redaktion den »Kauf Ihres informatorischen Angebotes« genauso unwiderstehlich machen, wie Sie den »Kauf Ihrer anderen Dienstleistungen« Ihren üblichen Kunden unwiderstehlich machen würden. Indem Sie den »Kittelbrennfaktor« des Kunden suchen und ihm eine Lösung anbieten für sein Problem. Eine Lösung, die passt, die durchdacht ist, die ihn sofort weiterbringt.

Ansprüche der Redaktionen

2.2.2 PROBLEME DER REDAKTIONEN LÖSEN

Professionelle PR-Arbeit, das ist nichts Anrüchiges und auch kein Spielplatz für Leute, die zu viel Zeit haben. PR-Arbeit nicht professionell zu betreiben heißt, Marktzugänge und Akquisitionsmöglichkeiten zu ignorieren.

Professionelle PR-Arbeit heißt indes vor allem, die Bedürfnisse der Journalisten, der Fachpresse, der Zeitungen und der Branchenmagazine zu kennen, zu verstehen und ihnen entgegenzukommen. Damit heißt es, Transparenz herzustellen und Wissen anzubieten. Haben Sie also vor allem die Kunden Ihrer Kunden (die Leser) im Auge, wenn Sie Pressetexte schreiben.

Bedürfnisse der Journalisten

Fragt man Journalisten – und das wurde im Rahmen von mehreren aktuellen Studien getan –, dann sagen sie auch, was nicht-professionelle PR-Arbeit ausmacht:

- Sie werden überschwemmt mit nichts sagenden Presseaussendungen.
- Diese sind voller Selbstlob, aber ohne Nutz- und Neuigkeitswert.
- Sie erfüllen oft nicht grundlegende journalistische Standards bzgl. Inhalt, Aufbau, Angaben.
- Es werden mehrfach identische Aussendungen verschickt.
- Oder aber unterschiedliche Themen werden in einen »Container« gepackt. Wie soll ein Journalist sich da auf einen Blick durchfinden?
- Redakteure erhalten Rundbriefe mit fertigen Fachartikeln, die sie nicht nutzen können, da sie häufig weder exklusiv sind noch den aktuellen Themenbedarf treffen.

Informationsbedürfnisse

- Was schlicht daran liegt, dass die Versender sich nicht für ihre Informationsbedürfnisse interessieren und nicht vor Zusendung nachfragen, was denn den Redakteur wohl besonders interessieren könnte. Ein österreichischer Fachjournalist aus dem Weiterbildungsbereich sprach konkret von zwei Anrufen, die ihn im ganzen Jahr erreicht hätten! Und dass ein Anbieter dann nicht für eine Redaktion als Experte für ein Thema zu erkennen ist, liegt auf der Hand. Redakteure verschaffen sich aber auch gerne die Sicherheit, die ihnen das Fachwissen eines anerkannten oder bekannten Experten verschafft.
- Und dann gibt es noch die Kletten, die ein paarmal zu oft anrufen. Und nachfragen, wann und wo die Meldung denn nun erscheinen wird … oder warum immer noch nicht … und wann denn dann …

PROFESSIONELLE PR = PROBLEMLÖSER
Journalisten haben drei große Probleme:

1 Sie müssen ständig neue Themen finden, die sie ihren Kunden, den Lesern, gut verkaufen können – und ihrem anderen Kunden, dem Redaktionsleiter oder Chefredakteur, den sie zuvor überzeugen müssen.
Ihr Lösungsansatz im Rahmen professioneller Pressearbeit:
SIE liefern leserbezogene aktuelle Themen mit hohem Nutz-, Anwendungs- und/oder Unterhaltungswert – und zwar, nachdem Sie in der Redaktion den Informationsbedarf nachgefragt haben.

2 Journalisten arbeiten ständig mit sehr begrenzten Ressourcen, wobei die kostbarste oft die Zeit ist. Ihr werden viele Themen-Entscheidungen geschuldet.
Ihr Lösungsansatz im Rahmen professioneller Pressearbeit:
SIE liefern qualitäts- und zeitorientiert. Sie halten Deadlines ein. Am Redaktionsschluss ist nicht zu rütteln. Seien Sie damit schneller als Wettbewerber! Liefern Sie vor allem auch Bildmaterial, Fotos und Grafiken mit. Damit lösen Sie ein weiteres Ressourcenproblem von Journalisten.

3 Journalisten sind ständig gefordert, sowohl Generalistentum als auch höchstem Fachwissen gerecht zu werden. Dabei sollen sie in kürzester Zeit Fakten recherchieren, Hintergründe verstehen, Zusammenhänge einordnen.
Ihr Lösungsansatz im Rahmen professioneller Pressearbeit:
SIE reduzieren Komplexität. Machen Sie den »Kittelbrennfaktor« für die Leserschaft einer Redaktion gleich deutlich. Liefern Sie klare Informationen zusammen mit verständlich aufbereiteten Hintergründen. Steuern Sie Grafiken, Statistiken und Infokästen bei. Aber überlassen Sie die Evaluierung dem Journalisten. Sie sind Wissens-Anbieter, nicht Besserwisser.

Stellen Sie Ihren Experten-Themenkatalog auf! Formulieren Sie jeweils einen Titel und eine kurze Zusammenfassung (Abstract), was an Ihrem Thema einen Journalisten interessieren könnte.

Experten-Themenkatalog

Beachten Sie dabei die drei Problemlöser und die unten aufgelisteten journalistischen Grundregeln. Wenn Sie mehrere gute Themen beschreiben können, sollten Sie den Schritt zur Pressearbeit wagen. In jedem Fall haben Sie damit auch hervorragendes Rüstzeug für Ihre Expertenpositionierung als Vortragender oder Kongressredner an der Hand!

GRUNDREGELN DER JOURNALISTISCHEN PRESSEARBEIT

- Zielgruppenspezifische Presseverteiler (nach Medienart, Branche etc.) mit den richtigen Ansprechpartnern recherchiert (und/oder aktualisiert)?
- (Daraus) Die richtigen Adressaten rausgesucht? (Exklusivität und direkter Kontakt kann sehr viel nutzbringender sein als große Streuung ohne qualitative Tiefe.)
- Macht Versendung über Pressenachrichtendienst wie *ots* oder *pr newswire* o. Ä. Sinn?
- Nachrichtenwert (Nachrichtenfaktoren) der Pressemitteilung/ des Artikels geprüft?
- Anwendungs- oder Nutzwert deutlich herausgearbeitet?
- Die fünf großen Ws eingebaut: Wer – Was – Wann – Wie – Warum/Wozu?
- Journalistischen Darstellungsformen (Meldung, Statement, Bericht, Interview, Reportage, Rezension etc.) gerecht geworden?
- Stil und Sprache medien- und zielgruppengerecht? Alle Fremdwörter erklärt?
- Ganz klar für Ihre Zielgruppe (Branche) geschrieben?
- Alle Termine und technische Daten angegeben und überprüft?
- Rechtefreies Foto- und/oder Grafikmaterial beigefügt?
- Ihr Expertenporträt angehängt?
- Kontakt- und/oder weitere Recherchemöglichkeiten sowie Quellen angegeben?
- Im wunschgemäßen Medium zur Versendung vorbereitet?
- Interessanten und eindeutigen Betreff formuliert (z. B. bei Versendung per E-Mail)?

Bei all dem haben wir betrachtet, was Sie tun können, um über Transporteur Medien den Transporteur Medien Ihre Kernzielgruppe(n) zu erreichen und Ihre Akquisitionskraft zu unterstützen. Reflektieren Sie jedoch Ihre Ziele, Erwartungen und – ja! – auch Gefühle dabei. Seien Sie nicht enttäuscht, wenn trotz aller Anstrengung ein Artikel von Ihnen nicht oder nicht in der besprochenen Ausgabe erscheint, wenn er bis zur Unkenntlichkeit zusammengestrichen oder redigiert wurde oder wenn eine Pressemitteilung keine Beachtung findet, auch wenn sie Nachrichtenwert hat. Wir haben eine (relativ) freie Presse – und schließlich können Sie ja auch keinen Kunden zwingen, Ihr noch so tolles Angebot jetzt aber zu kaufen.

NACHRICHTENWERT / NACHRICHTENFAKTOREN

Ob eine Pressemitteilung Nachrichtenwert hat, richtet sich danach, ob einer oder mehrere beispielsweise der folgenden Nachrichtenfaktoren getroffen sind:

- Nähe
- Aktualität
- Prominenz
- Fortschritt
- Folgenschwere
- Konflikt
- Kuriosität

Dieses einfache und häufig genutzte Set von Winfried Schulz haben wir um einige Kriterien reduziert, die im Weiterbildungsbereich keinen Sinn machen.

Professionelle PR-Arbeit baut einen klaren Expertenstatus auf Expertenstatus und kommuniziert Ihre Positionierung. Sie löst zudem die drei zentralen Probleme jeder Redaktion, jedes Journalisten – dann ist sie auch außerordentlich erfolgreich. Außerdem erfüllt sie hohe journalistische und ethische Anforderungen. Dafür ist nicht nur der ständige Kontakt mit den Medien erforderlich. Sie erhöhen Ihre Erfolgsquote und Ihre Glaubwürdigkeit, wenn Sie einige Spielregeln beachten und Partnerschaftlichkeit zeigen:

ETHISCHE GRUNDREGELN PROFESSIONELLER PRESSEARBEIT

Transparenz: Interessenslage klar machen, Absichten nicht verbrämen

Kommunikation: offen, kompetent, fachkritisch, kritikfähig

Quellen: Grundlagen, Studien, Aussagen, Materialien Dritter stets angeben

Glaubwürdigkeit: Zugang zu allen Quellen gewähren, kritische Rückfragen beantworten, sich erreichbar machen, mit Belegen, nicht Vermutungen arbeiten

Respekt: Journalisten sind keine Erfüllungsgehilfen, sondern haben ein legitimes Eigeninteresse an der (auch strittigen) Aufbereitung von Themen im Rahmen ihrer eigenen redaktionellen Vorgaben oder Vorstellungen.

Partnerschaftlichkeit: Medienvertreter sind Ihre Partner im Rahmen des Agenda-Settings und der Außenkommunikation – Sie sind auf Augenhöhe.

Lauterkeit: finanzielle Zuwendungen offen legen; in der klassischen Pressearbeit sollte für Artikelabdruck in keine Richtung Geld fließen (außer bei angefragten Namensartikeln, wenn Sie als Trainer oder Berater von der Redaktion als »Edelfeder« angefragt werden). Arbeiten Sie mit einer Presseagentur, sollte diese im Verhältnis zur Redaktion weder zahlen noch Bezahlung akzeptieren!

Redaktionspläne Suchen Sie im Internet gezielt nach den Redaktionsplänen der Sie interessierenden Fachredaktionen und -magazine. Falls sie dort nicht eingestellt sind, rufen Sie in der Redaktion an und bitten Sie um Zusendung. Auf der Basis dieser Pläne können Sie frühzeitig den entsprechenden Redaktionen passende Fachartikel und Statements anbieten und sich als Experte bekannt machen.

REDAKTIONSPLÄNE:

In den Redaktionsplänen, die Sie häufig auf den Websites der Zeitschriftenredaktionen finden, stellen die Redaktionen ihre Grob-Planungen für die nächsten sechs oder zwölf Monate zur Verfügung. Orientieren Sie sich daran, um frühzeitig von geplanten Themenschwerpunkten und Sonderheften zu erfahren, zu denen Sie Fachartikel im Rahmen Ihrer Expertenpositionierung anbieten könnten. Und dort finden Sie auch geplante Einzelthemen, zu denen Sie sich als Experte oder Autor der Redaktion bekannt machen können.

2.2.3 DAS INSTRUMENTARIUM

Im Folgenden stellen wir Ihnen die Instrumente der PR-Arbeit mit ihren Einsatzmöglichkeiten und Vorteilen kurz vor. Einige werden mit Sicherheit zu Ihrem PR-Mix gehören, einige lohnen sich nur unter bestimmten Umständen. Das hängt von Ihren Arbeitsschwerpunkten, Ihrer Kernpositionierung, von der Zahl und Attraktivität/Novität der Kernthesen oder Kernaussagen innerhalb Ihrer Themenpositionierung und der Zielgruppe ab, die Sie erreichen wollen.

PR-Mix

Gerade wenn Sie sich an ein b2b-Publikum wenden (Business-to-Business), werden Sie nur wenige, spezifische Wege wählen, wie z. B. Medienkooperationen oder Fachartikel in der Branchenpresse. Wollen Sie sich innerhalb Ihrer »Expertengemeinde« stärker positionieren, werden Sie in einem wissenschaftlichen Blatt oder in der Trainer- und Weiterbildungspresse publizieren oder Wert darauf legen, an einer TV-Diskussion auf einem der Wirt-

b2b-Publikum

schaftssender teilnehmen zu können. Vielleicht haben Sie auch eine wissenschaftliche Studie oder Branchen-Umfrage erstellt, dafür würde sich eventuell eine kleine Pressekonferenz lohnen.

Wenden Sie sich mit Ihren offenen Trainings oder Ihrem Weiterbildungsangebot aber an ein breites Publikum (Business-to-Consumer), dann werden Sie sicher versuchen, über regelmäßige Pressemitteilungen Interesse bei einem breit gefächerten Bereich der Fach- und Publikumspresse sowie eventuell der lokalen oder regionalen Wirtschafts- und Tagespresse zu erzielen, sodass Sie dort häufiger vorkommen. Außerdem kann eine Kooperation mit einem lokalen Radiosender sinnvoll sein, damit Sie den regionalen Hörern jeden Tag mit einem gesprochenen »*Motivationstipp des Tages*« positiv präsent sind.

Die vorgestellten Instrumente ergänzen sich also, es ist aber nicht jedes in jedem Fall sinnvoll einzusetzen. Ein Fallbeispiel: Sie sind Geschäftsführer eines Beratungsunternehmens, das sich auf die Pharmabranche spezialisiert hat, und wollen sich mit Ihrer Expertise positionieren und empfehlen. Dann könnte ein sinnvoller Mix der Instrumente so aussehen:

- In regelmäßigen Presseaussendungen setzen Sie sich mit je einem wichtigen, kontroversen, zukunftsträchtigen oder auch strittigen Thema der Pharmabranche auseinander und liefern anwendungsorientierte Tipps und Strategien aus Beratersicht dazu.
- Können Sie eins dieser Themen fachorientiert / wissenschaftlich ausbauen, bieten Sie es zusammen mit Ihrer beraterischen Kompetenz ausgewählten Fachmedien als Namensartikel an.
- Zudem können Sie versuchen, eine Kooperation mit einem (meinungsführenden) Medium zu etablieren, dem Sie regelmäßig, z. B. in einer festen Reihe oder Kolumne, hochwertige beratende Fachinformationen zukommen lassen.

- Nehmen Sie an einer Fachmesse teil, etablieren Sie vorher den Kontakt zu den angemeldeten Journalisten und machen Sie Termine aus. Dazu nehmen Sie Ihre PressKits mit … Fachmesse
- Sie haben – eventuell zusammen mit einer Uni oder anderen Institution – eine marktwichtige wissenschaftliche Studie oder eine umfassende Umfrage in der Pharmabranche erarbeitet, die sich mit der Entwicklung zukünftiger Marktmodelle beschäftigt. Ihre Ergebnisse sind sowohl für die einschlägige Fachpresse als auch für Pharmaunternehmen als auch für Patienten und die Krankenkassen oder Kostenträger interessant. In dem Fall bereiten Sie eine Pressekonferenz vor. Wissenschaftliche Studie
- Einzelergebnisse der Studie nutzen Sie wiederum, um eine Reihe von hochqualitativen und informativen Pressemitteilungen zu erstellen. Sie verknüpfen dabei ein Teilergebnis, einen Aspekt, mit einem Anwendungsnutzen oder einer diskursfähigen, vielleicht auch strittigen These. Damit sichern Sie sich über längere Zeit hinweg die Aufmerksamkeit der Fachpresse.
- Selbstverständlich nutzen Sie dieses Interesse für das Angebot von Fachartikeln unter Ihrem Autorennamen.
- Ergeben sich ein bis zwei wirklich kontroverse Thesen aus dieser Studie, können Sie eventuell ein Wirtschafts-, Gesundheits-, Patientenmagazin in Hörfunk oder Fernsehen dafür interessieren.
- So entstandene Kontakte nutzen Sie, um sich bei der Redaktion als Experte bekannt zu machen. Und Sie tun einiges, um in Erinnerung zu bleiben, z. B. indem Sie künftig auf Themen der Redaktion reagieren und positiv-informativ »zuliefern«.

Wichtig ist, dass Sie bei Ihrer PR-Arbeit immer im Kopf behalten, welche Medien, welche Wege wirklich zu Ihren (zahlenden) Endkunden führen. Diese müssen Sie letztlich für sich interessieren – und denen müssen Sie sich über die PR-Arbeit auch zugänglich machen.

Und nicht zuletzt ist natürlich eine dicke Mappe an Pressebelegen auch ein ausgezeichneter Nachweis Ihrer Fachkompetenz beim Akquisegespräch mit dem potenziellen Kunden.

Es macht gerade keinen Sinn, hier Vorlagen (templates) für verschiedene Instrumente anzubieten. Denn so funktionieren Ihre Themen nicht. Und so funktioniert es auch nicht, Aufmerksamkeit zu erzeugen. Damit Sie aber höchstmöglichen Anwendungsnutzen aus diesem Buch ziehen können, haben wir unter »*Bitte beachten*« zusammengefasst, was Sie bei der Nutzung des jeweiligen Instrumentes berücksichtigen sollten und wie es journalistisch produziert wird.

Pressemitteilung / Presseaussendung

Vorzüge:
- Regelmäßiges Kommunikationsmittel
- Hohe Frequenz
- »In-Erinnerung-Rufen«
- Relativ große Reichweite
- Zielgruppenspezifische Information

Bitte beachten Sie:

Nachrichtenwert
- Pressemitteilungen müssen Nachrichtenwert nach üblichen Nachrichtenfaktoren besitzen
- Keine Waschzettel, Selbstlob, Pamphlete
- Regelmäßigkeit, um Sichtbarkeit herzustellen
- Nicht zu hohe Frequenz, um Nervfaktor auszuschließen
- Vorher abfragen, in welchem Format (E-Mail, Fax, Brief = PressKit) die Redaktion die Pressemitteilungen / Presseaussendungen wünscht
- Fotos und texterläuternde Grafiken (rechtefrei) beifügen
- Aufbau der Pressemitteilung von unten kürzbar texten
- Kontaktdaten nicht vergessen.

In Zeiten von Social Media werden viele Pressemeldungen direkt auf verschiedenen Internetplattformen wie Presse- und Social-Media-Portalen, Themenblogs und -portalen veröffentlicht, gehen also nicht mehr den Weg über eine Nachrichtenagentur oder die klassische Presse, wo der Gatekeeper- und Filter-Redakteur sie bezüglich ihres Nachrichtenwertes beurteilt und bearbeitet. Mit solchen Pressemeldungen/Social-Media-News richten Sie sich direkt an die Öffentlichkeit und stehen im Wettbewerb mit extrem vielen Informationen, die täglich auf solchen Portalen veröffentlicht werden. Die Meldungen müssen daher internetgerecht und möglichst SEO-optimiert sein, damit die Suchmaschinen sie auffinden. Daher beachten Sie beim Verfassen ein paar zusätzliche Regeln:

Pressemeldungen via Internetplattformen

1. Meldungstitel und Untertitel müssen nicht nur spannend geschrieben sein, sondern auch die Keywords/Suchbegriffe enthalten, unter denen Sie über die Meldung gefunden werden wollen.

Suchmaschinen-optimierung

2. Nach Titel und Untertitel fassen Sie die wichtigsten Fakten für Ihre Leser (und künftigen Interessenten/Kunden) kurz zusammen. Die meisten Internet-Leser überfliegen nur noch die einleitenden Abstracts. Auch hier tauchen die Keywords wieder auf.
3. Darunter folgt der sogenannte Bodytext, also der Hauptteil der Nachricht. In diesem achten Sie wieder auf die Keywords, die zudem in den Zwischenüberschriften genutzt werden sollten.
4. Unter der eigentlichen Meldung folgen die ausführlichen Kontaktangaben und gegebenenfalls die Beschreibung des Trainingsunternehmens, Beratungshauses oder Coachinginstituts, das die News herausgibt.
5. Ganz zum Schluss binden Sie Verweise auf Ihre Social-Media-Accounts sowie gegebenenfalls Links auf weiterführende und zugehörige Audiofiles, Videos, Multimedia ein.
6. Nach wie vor gilt: Auch Social-Media-News müssen

Relevanz, Neuigkeitscharakter, informative und nutzwertige Inhalte haben. Obwohl sie sich durchaus direkt an potenzielle Kunden wenden können, sollten es keine Werbeaussendungen sein. Nach wie vor gilt: Content is king.

TIPP	Zur Verteilung Ihrer News an die von Google hoch gerankten – oft sogar kostenfreien – Presseportale, RSS-Verzeichnisse und Social Media- wie Expertenplattformen können Sie professionelle Distributionsdienste nutzen. Diese ermöglichen gegen geringe Gebühr die regelmäßige Verteilung einer Meldung pro Monat oder umfangreicherer Meldungs-Pakete.

Fachartikel / Namensartikel

Vorzüge:
- Manifestierung Ihres Expertenstatus unterstreicht Ihre Kompetenz
- Hoher Aufmerksamkeitswert
- Relativ große Reichweite
- Erschienener Artikel kann für PressKit, eigene Website und Marketingzwecke (z. B. Versendung per E-Mail oder als Kundenschreiben oder Sonderdruck) genutzt werden
- Werbefaktor
- Positionierung im Wettbewerbsfeld (Aufmerksamkeit von anderen Trainern und Beratern)

Bitte beachten Sie:
- Sie sollten Themen aus Ihrem Themenkatalog einzelnen Journalisten / Redaktionen aktiv vorschlagen. Dabei können Sie Inhalte und Ziele sehr gut abstimmen.
- Fragen Sie sich: Wird tatsächlich die Zielgruppe in Ihrer Branche erreicht? Denn für Streuverluste ist dieses Instrument zu aufwendig und zu teuer, allein schon durch die Zeitkosten.

- Optimal: Bauen Sie Zitate von bekannten Experten und von Ihren Kunden/Klienten ein, z. B. bei einer Best-Practice-Story oder einem Praxisbericht. Das erhöht die Glaubwürdigkeit und wirkt neutraler. Aber Achtung: Sie müssen in jedem Fall das schriftliche Einverständnis (Freigabe) Ihrer Testimonialgeber einholen, und das erhöht den Zeit- und Abstimmungsaufwand für diese Artikel deutlich.
- Beachten Sie die Exklusivität. Einen Artikel dieser Art sollten Sie nicht mehreren (konkurrierenden) Medien anbieten. **Exklusivität**
- Vergessen Sie nie, nach Umfängen (Zeichen mit/ohne Leerzeichen), Fotos (mit Bildunterschriften) und Abgabefristen zu fragen. Halten Sie sich dran.
- Entwickeln Sie ein kurzes Selbstporträt (3–4 Sätze), das Ihre Expertise, Ihre Kernpositionierung und Ihre (branchenrelevante) Markterfahrung sympathisch zusammenfasst. Wählen Sie dazu ein sehr gutes Foto von sich aus. Nutzen Sie dieses Porträt möglichst häufig bei diesem und bei anderen PR-Instrumenten, um Ihren Wiedererkennungswert zu steigern.

Pressemappe / PressKit

Vorzüge:
- Eine Pressemappe – neudeutsch auch PressKit – können Sie für alle Gelegenheiten (von Redaktionsbesuchen über Kontaktaufnahmen bis Messen) vorbereiten und bestückt bevorraten.
- Sie sagt Neukontakten alles Wesentliche über Sie und Ihre Arbeit.

Bitte beachten Sie:
- Aktualisieren/erweitern Sie die Pressemappe gelegentlich. **Pressemappe**
- Stopfen Sie die Mappe nicht zu voll, sondern selektieren Sie sinnvoll aus folgenden möglichen Medien: Kurzfassungen und/oder Langfassungen von Pressemitteilungen, Farb-

kopien von bereits von Ihnen erschienenen Fachartikeln zu Ihrem Kernthema oder Statements (wenn es sich um ein renommiertes Presseorgan handelt), eine Kopie der Presseeinladung (wenn Sie die Mappe zu einem Presseevent verteilen wollen), Ihr Porträt (wie oben), Fotos und Grafiken analog in guter Auflösung und vor allem digital (300 dpi für den Druck) sowie Druckvorlagen von Logos (CD-ROM, denn Disketten können von manchen Redaktionen kaum noch verarbeitet werden), Imagebroschüren und/oder Flyer (Jahresberichte), Visitenkarte, Werbemittel wie Plakate, Poster, Aufkleber, Give-aways, gegebenenfalls Medien (CBT, E-Learning-Medien oder -Demos etc.), sofern vorhanden: Buchwerbung oder -coverbild (300 dpi-Druckformat).

Pressekonferenz

Vorzüge:
- Gute Kontakte und weitere Gesprächsmöglichkeiten zu den erschienenen Journalisten
- Wer (überhaupt) kommt, berichtet meist auch.

Bitte beachten Sie:
- Für eine Pressekonferenz braucht es wirklich schon eine »Bombennachricht«; Journalisten haben enge Terminkalender und immer kleinere Reisebudgets. Da überzeugt nur ein richtig wichtiger Anlass.
- Pressekonferenzen sind zeit- und kostenaufwendig. Da muss man schon überlegen, ob das vermutliche Ergebnis den Einsatz lohnt.
- Wenig ist peinlicher, als bei einer Pressekonferenz mit drei Pressevertretern dazusitzen, von denen eine die Volontärin des Lokalblatts ist und die anderen beiden nur wegen des Buffets gekommen sind ... Doch. Alles schon vorgekommen.
- Wenn Sie glauben, dass Sie Stoff für eine Pressekonferenz

haben, prüfen Sie vielleicht auch die Möglichkeiten einer virtuellen Pressekonferenz. Moderne IT- und Telekommunikationstechnologie ermöglicht kostengünstige sternförmige und vernetzte Information. Oder haben Sie, z. B. als Bildungsunternehmen, Zugriff auf eine Lernplattform oder ein Virtual-classroom-Tool, ein »virtuelles Klassenzimmer« mit Internet-Interface? Dann bietet sich nichts mehr an, als eine Pressekonferenz auf der Lernplattform stattfinden zu lassen. So intensiv werden sich Journalisten selten wieder mit dieser Technologie auseinander setzen.

Pressekonferenz auf der Lernplattform

■ Pressekonferenzen / Pressegespräche / Pressetermine lassen sich gut im Rahmen von Fachmessen ansetzen, da dann die interessierten Journalisten vor Ort sind und Gelegenheit zur geballten Informationsversorgung gerne wahrnehmen. Die Messebetreiber stellen dafür auch Räumlichkeiten bereit. Stimmen Sie dies aber mit den Terminen anderer Aussteller / Anbieter ab, damit keine Dopplungen auftreten.

Presseeinladung / Veranstaltung

Vorzüge:

■ Im Bildungs-, Ausbildungs- und Weiterbildungsbereich gibt es eine Vielzahl von Möglichkeiten, von Seminaren, Outdoor-Seminaren, Events, Kongressen, Spielsituationen, zu denen Sie einzelne oder mehrere Pressevertreter laden können. Besonders gut funktioniert dies, wenn Sie eine Veranstaltung mit hohem persönlichem Nutzwert für den Journalisten, z. B. in der persönlichen Weiterentwicklung, im Bereich Wellness, Work-Life-Balance, Sport, Ernährung, Kreativität o. Ä., anbieten – oder wenn weitere »Add-ons« (Zusatznutzen) dazukommen wie besondere Orte oder Erfahrungen.

■ Pressevertreter in Veranstaltungen einzuladen und einzubinden, erhöht die Authentizität und Sie geben ihnen die Chance der umfassenden Recherche und einen unverstellten Einblick in Ihre Arbeit oder Dienstleistungen.

Bitte beachten:

- Im gegebenen Fall sollten Sie das (kollektive) Einverständnis zur Berichterstattung durch die Teilnehmer der Veranstaltung einholen.
- Dieses Instrument können Sie nur wenig steuern. Manchmal auch ein Wagnis, schließlich kann es ja sein, dass ein Fachjournalist eine Reihe von Teilnehmern befragt, die unzufrieden sind. Oder dass live was schief geht. Dann müssen Sie mit Kritik leben können.
- In jedem Fall ist eine zeitintensive und besonders sorgfältige Vorbereitung erforderlich.

Presseseminare, Pressetermine
- Sind Sie ein großer Anbieter, kann die Ausrichtung eigener Presseseminare / -termine sinnvoll sein, um einer Vielzahl von Fachredakteuren Zugang zu Ihrem neuen Produkt, Ihrer Dienstleistung zu gewähren.

Hörfunkbeitrag

Vorzüge:
- Große Reichweite
- Häufig relativ direkte Zielgruppenansprache mit relativ akzeptablen Streuverlusten (besonders im Bereich der allgemeinen Weiterbildung und Persönlichkeitsentwicklung), da viele spezifizierte Sendeangebote mit definierten Zielgruppen
- Kleiner Aufwand, wenn über Sie berichtet wird oder wenn Sie als Experte um eine Stellungnahme oder ins Studio gebeten werden.
- Akzeptabler Aufwand, wenn Sie beispielsweise regelmäßige Statements produzieren lassen – O-Töne und digital oder auf Senkel, falls noch gewünscht, zusenden
- Möglichkeit des »Cross-Marketing«, indem Sie eine HF-Aufzeichnung (in Ausschnitten) als digitales Format Ihren Aussendungen, Kundenwerbungen, Ihrer Website zufügen

Bitte beachten:

- Vielen ist gar nicht bewusst, welche Mengen an Menschen der Hörfunk heute noch – und über Internet auch wieder – erreicht (siehe auch Podcasting, S. 92). Daher übersehen Trainer und Berater häufig, dieses Instrument für sich zu nutzen.
- Hörfunkbeiträge sind aber oftmals nur interessant für Sie, wenn Sie im b2c-Markt arbeiten, also spezifische Gruppen von Menschen privat erreichen wollen. Nur selten werden Sie spezifische Formate nutzen können, die b2b-Zielgruppen auch erreichen.

Fernsehbeitrag

Vorzüge:
- Gutes Renommee
- Große Reichweite
- Kleiner Aufwand, wenn über Sie berichtet wird. Größerer Aufwand – der sich aber sehr lohnt –, wenn Sie als Experte um eine Stellungnahme oder ins Studio gebeten werden
- Möglichkeit des Cross-Marketing, indem Sie eine TV-Aufzeichnung (in Ausschnitten) als digitales Format Ihren Aussendungen, Kundenwerbungen, Websites zufügen

Bitte beachten:

- Es gibt eine große Reihe von dubiosen Anbietern, die mit den Erwartungen von Trainern oder Instituten spielen und verschiedene Formen von »air-time« verkaufen. Das ist sehr häufig wertlos für das Marketing, überteuert und nahezu kontraproduktiv. Wer – z. B. auf einem der Wirtschaftssender – solch oft unprofessionell gemachte Schnipsel sieht, empfindet eher Mitleid als den Willen zur Buchung. **Dubiose Anbieter**
- Das bewegte Bild versendet sich schnell. Seien Sie nicht enttäuscht, wenn sich der Effekt in Grenzen hält. Außerdem müssen Sie hohe Streuverluste einkalkulieren. **Streuverluste**

- Im Bereich des Programmings (gekaufte On-Air-Time) ist der Übergang zur Werbung fließend. Wägen Sie dabei Kosten und Nutzen sowie Vor- und Nachteile für Ihr Image und Ihre Positionierung besonders sorgfältig ab.

2.2.4 MEDIEN- UND CONTENTPARTNERSCHAFTEN

Medienpartnerschaften Medien- und Contentpartnerschaften sind sehr intensive Formen der Pressearbeit, mit der Sie definierte (Teil-)Öffentlichkeiten sehr gut erreichen können. Im Allgemeinen machen Medienpartnerschaften dann Sinn, wenn Sie regelmäßig so gute Informationen und so große Events anzubieten haben, dass sich eine Redaktion dafür interessieren lässt, als Partner in eine Win-win-Situation einzusteigen. Dazu müssen Sie auch eine »Gewinnerwartung« liefern – z.B. neue Leserschichten oder mehr Abonnements oder mehr Werbekunden. Es können auch mehrere Pressepartner sein, doch klappt das nur, wenn sie zu einem Konzern gehören oder nicht im Wettbewerb zueinander stehen.

> **Denken Sie allerdings daran, dass Sie mit einer Medienpartnerschaft häufig für andere Zielgruppen-Medien tabu sind; Sie schneiden damit womöglich nur ein Spektrum Ihrer Möglichkeiten aus!**

Contentpartnerschaften Contentpartnerschaften funktionieren meist im Win-win-System nach dem Motto: »*Content gegen Reichweite*«. Das heißt, Sie liefern beispielsweise einem privaten Hörfunksender regelmäßig und vorproduziert die »*Besten Zeitmanagement-Tipps*« oder »*Motivation am Morgen*« oder Ähnliches – und dafür wird die Quelle genannt, nämlich Ihr Name und/oder Ihre Webadresse. Oder Sie liefern einem Wirtschafts-Internet-Portal ein Archiv an Führungskräftetipps, an Strategien für Unternehmer, ein Lexikon der aktuellen Management-Theorien, Selbstführungstipps für High Potentials oder Ähnliches – und erhalten dafür eine Bannerwerbung und / oder ein Kurzporträt auf der betreffenden Internet-Seite und / oder einen Textlink zu Ihrer Website.

Gute Inhalte sind gefragt und ein wichtiges (Handels-)Gut – besonders da, wo ständige Sparmaßnahmen Redaktionen erfinderisch machen. Nach unserer Erfahrung können Contentpartnerschaften themen- und zielgruppenspezifisch sehr effizient sein. Sie bedürfen natürlich guter Ideen, ständiger Betreuung und persönlicher Kontakte. Und es müssen gewisse Spielregeln eingehalten werden, die Fairness, Exklusivität und auch Rechtevorbehalte, Offenlegung und Zieldefinitionen betreffen. Aber davon verstehen Sie als Trainer, Coach oder Berater ja so einiges! **Gewisse Spielregeln**

Außerdem gibt es noch eine Reihe von Onlineplattformen, in denen Sie Ihre Dienstleistungen, Seminare, Trainings und Veranstaltungen anbieten können. Dazu mehr im folgenden Kapitel. **Onlineplattformen**

2.3 INTERNET-MARKETING

Selbstverständlich gehört es heute zum Konzept Ihrer Außenkommunikation, auch über elektronische Medien kunden- und akquiserelevante Informationen über sich zu verbreiten. Ein Trainer muss nicht über einen umfangreichen Internetauftritt mit Hunderten von Unterseiten verfügen. Er sollte Ihre Kernkompetenzen deutlich transparent machen, damit Ihre potenziellen Kunden einen ersten Eindruck von Ihnen erhalten und dann mit Ihnen Kontakt aufnehmen. Die nachfolgende Abbildung zeigt eine Grobstruktur eines Internetauftrittes: **Internetauftritt**

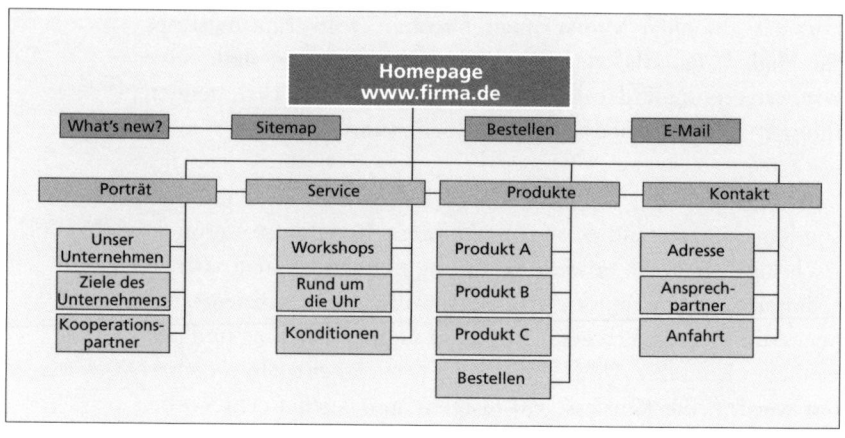

Im Folgenden zeigen wir, wie Sie Ihre Internetseite als Akquise-verstärker nutzen können und wie Sie mit Suchmaschinen den Bekanntheitsgrad steigern.

2.3.1 AKQUISEVERSTÄRKER AUF WEBSITES

Schauen wir uns daher zehn gute Beispiele von besonders er-folgreichen Websites aus den Bereichen Training, Beratung oder Weiterbildung an, die gute Akquise-unterstützende Ideen zeigen:

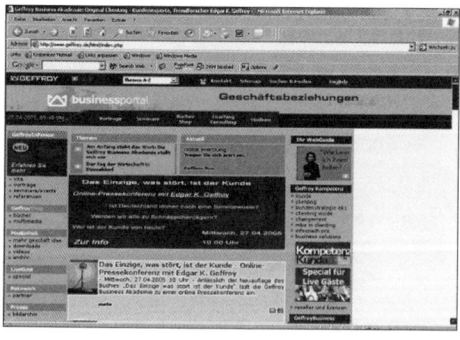

Themenportal

Themenkompetenz

Gestalten Sie die Website als Themenportal für die Ihre Kun-den interessierenden Themen. In diesem Beispiel ist es ein Businessportal, es können aber auch Branchenportale sein. Je-der potenzielle Kunde wird dies als deutlichen Ausweis Ihrer überdurchschnittlichen Kompetenz halten und die Seite evtl. weiterempfehlen. Vor allem, wenn sie so viele Zusatznutzen (added values) enthält. Außerdem sehen Sie hier gutes Cross-Marketing.

Trainerbuchung mit »Setcards«

Trainer einer Plattform können nicht nur nach Kernkompetenzen, Seminar und Termin gesucht werden, sondern stellen sich mit einer ausführlichen »Trainer-Setcard« vor. Anfrage- und Buchungsmöglichkeit online.

Trainer-Setcard

Kaufen leicht machen

Diese Website ist optisch wie ein Portal aufgebaut, in Wirklichkeit ist aber jeder einzelne Baustein eine charmante Kauf-Aufforderung und -möglichkeit. Es sind schon *»viele Schwäne in Schönheit gestorben«*, weil sie sich für zu edel hielten, ihre Dienstleistung auf der Homepage zu »verkaufen« und auch kaufbar zu machen.

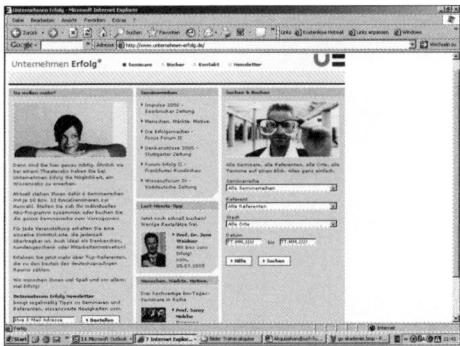

Kauf-Aufforderung

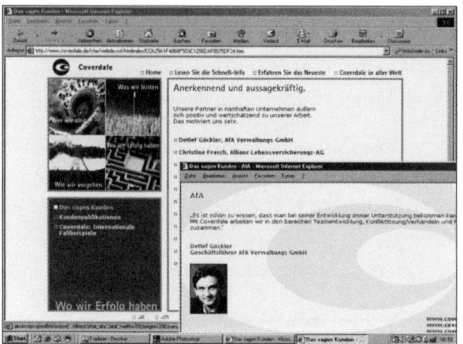

Referenzen nutzen

Referenzen richtig schmackhaft machen

Dass Referenzen »verkaufen«, wissen alle Trainer, Berater, Coachs und Bildungsunternehmen. Und dennoch geben viele gar keine Referenzen auf ihrer Website an oder schreiben einfach nur den Kundennamen hin. Manchmal kann man den Eindruck gewinnen, dass 95 % aller Trainer in Deutschland die Telekom trainiert haben. Toll. Aber was haben sie da gemacht? Ein Konzept eingereicht? Einen Vorstand gecoacht? Oder eine Abteilung über lange Zeit beraten? Schreiben Sie deutlich, was Sie wann gemacht haben – daraus kann der prospektive Kunde auch sehen, was Sie bei ihm richtig machen können.

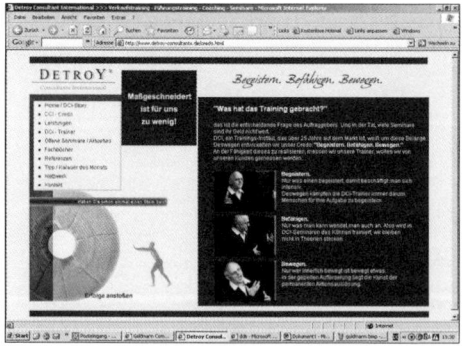

Kernkompetenzen herausstellen

Kernkompetenzen zeigen

So bleibt man seiner Zielgruppe mit seiner Kernkompetenz in Erinnerung. Trauen Sie sich was! Lieber kurz und pointiert und dafür auf vieles verzichten müssen ... dafür aber eine Spur hinterlassen. Wer kennt nicht die gut gemeinten Websites, auf denen Trainer und Berater in Meterlänge ihre – meist wirklich sehr guten – Konzepte und Ansätze erläutern? Liest am Rechner kein Mensch.

Erfolge darstellen

Professionelle PR- und Pressearbeit zeitigt Erfolge. Und diese dienen einem potenziellen Kunden immer als Ausweis von Kompetenz. So stellt man das Presseecho richtig dar: prall, bunt, zum Herunterladen, lesefreundlich.

Erfolge darstellen

»Fang den Hasen«

Womit kann man das scheue Wild »Kunde« an eine Website fesseln und auch noch einen Kaufimpuls auslösen? Durch Probierhäppchen. Beispielsweise das Angebot eines Onlineselbsttests zu einem interessanten Thema – der natürlich im Ergebnis einen Bildungsbedarf feststellen wird. Quiz und Rätsel, Kopfnüsse und überra-

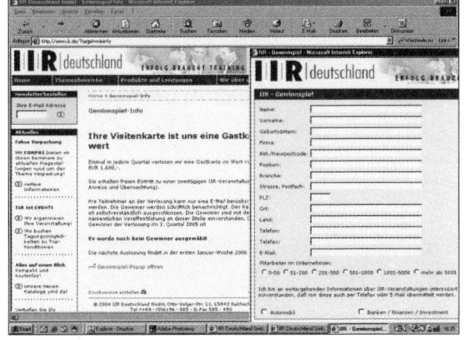

Kauf-Aufforderung

schende Faktensammlungen – alles, was mit dem Interesse und der Branche Ihres Kunden zu tun hat und ihn dazu verlockt, Kontakt mit Ihnen aufzunehmen, um ein Ergebnis, ein Feedback, eine Auflösung, ein Incentive zu erhalten. Natürlich nichts Triviales, Sie sind ja Bildungsanbieter.

Das funktioniert auch mit spielerischen Probeangeboten hinsichtlich Ihrer Weiterbildungsprodukte.

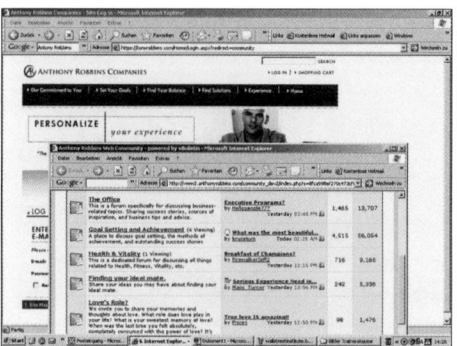

Emotionale Ebene

Hoher Aktivierungs- und Kommunikationsanteil

Gerade Websites von Beratern und Instituten sind oft wenig emotional, gleichförmig, wirken teils wie standardisiert. Einige ragen aber heraus,

- weil sie kommunikativer sind
- weil sie sich um ihre Klientel, ihre »Fangemeinde« (community) kümmern
- weil sie den Eindruck erwecken, dass man stets offen für Anliegen oder Anfrage eines Interessenten ist

Ja, das ist akquisitorisch. Aber es funktioniert, weil es menschlich ist und weil auch ein Entscheider, ein HR-Experte oder jedwede Führungskraft letztlich auf der emotionalen Schiene anzusprechen ist. Wir alle wissen, dass Entscheidungen, auch »Kaufentscheidungen«, eigentlich auf der emotionalen Ebene getroffen und im Nachhinein argumentativ unterlegt, rationalisiert werden.

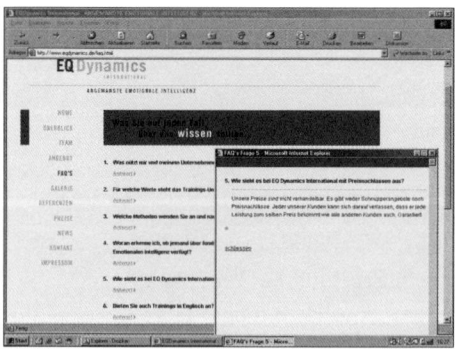

Wert der Leistung zeigen

Preisverhandlungen vorverlegen

Selbstbewusst zeigen, was die eigene Leistung wert ist. Wenn der Beweis angetreten wird – auch über andere Informationen, die der Website zu entnehmen sind, dann wirkt das klärend und geradeaus. Der Kunde kann sich vorher schon überlegen, ob er dieses Budget investieren will.

Kundenbindungsmaßnahmen integrieren

Hier sieht ein potenzieller Kunde gleich, was ihm die Zusammenarbeit mit diesem Bildungsinstitut noch bringt: die nachhaltige Betreuung und den langfristigen, spaß- und lernorientierten Austausch mit anderen Lernenden über die angeschlossene Internet-Community. So wird deutlich, dass der Anbieter an der umfassenden Begleitung des Kunden interessiert ist, auch noch nach der eigentlichen Trainingsmaßnahme.

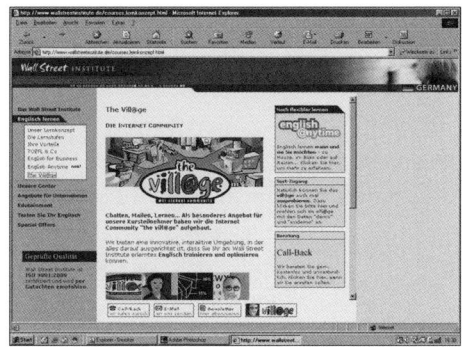

Begleitung des Kunden

Legen Sie sich in Ihrem Internet-Browser unter »Favoriten« einen Ordner an, in dem Sie besonders gute Beispiele für Websites, Onlineideen und besonders pfiffig gestaltete, zielgruppengerechte Homepages und interessante Bausteine ablegen. Wenn Sie den Aufbau oder Relaunch Ihrer Website nach akquisitionsunterstützenden Aspekten planen, haben Sie dann einen reichen Fundus an Ideen, über die Sie mit Ihrem Webdesigner oder Ihrer Grafikerin sprechen.

2.3.2 ZUGANG ZU IHRER WEBSITE

Nicht einmal jede achte (12,2 %) deutsche Unternehmens-Website ist gut auf Suchmaschinen ausgerichtet – das hat eine Online-Marketing-Agentur gerade in einer aktuellen Studie herausgefunden. Und wir wagen mal zu sagen: Nach unserer Erfahrung trifft das für Websites von Trainern, Beratern, Coachs und Bildungsinstituten noch in viel höherem Umfang zu.

Suchmaschinen

Nun gibt es zwei prinzipielle Verfahren, wie Sie Ihre Website im Internet für Ihre Interessenten und Kunden gut auffindbar machen:

Trafficgeber

1. Verlinken Sie Ihre Site mit allen möglichen »Trafficgebern«, mit Branchen-Portalen, Themen-Portalen und zielgruppen-relevanten Portalen wie Seminarportalen, HR-Portalen etc. Außerdem mit den Websites Ihrer Kooperationspartner, Lizenznehmer und Kunden. Der doppelte Grund: Zum einen werden potenzielle Kunden so auf Sie stoßen, zum anderen gibt es wichtige Suchmaschinen, die die Zahl der Websites, die auf Ihre Website verlinkt sind, als Kriterium nutzen. So können Sie im Ranking (Darstellung der Suchergebnisse) nach oben hüpfen, weil die Suchmaschinen davon ausgehen, dass eine Website, auf die so viele andere Websites verlinken, besser oder relevanter sein muss als andere mit denselben Suchbegriffen. Kurz: Auf der zweiten oder gar noch späteren Fundseite einer Suchmaschine zu erscheinen ist völlig witzlos. Fast niemand blättert über die Suchseitenergebnisse mehr als höchstens zwei Seiten hinweg.

Bei Suchmaschinen wie Google kann sich die Buchung von sogenannten AdWords sehr lohnen, die dafür sorgen, dass Ihre Website bei entsprechenden Suchanfragen immer weit oben (rechts) auf der ersten Seite angezeigt wird.

Kriterienkataloge

2. Achten Sie darauf, dass die vom Webmaster einprogrammierten Suchbegriffe und -kriterien wirklich den neuesten Kriterienkatalogen der relevanten Suchmaschinen entsprechen, dass diese Wörter auch wirklich in den Texten auf der jeweiligen Seite vorkommen – auch das prüfen Suchmaschinen nach – und dass der Webmaster Ihre Seite händisch bei den fünf bis zehn wichtigsten Suchmaschinen und Webkatalogen anmeldet.

Sehr häufig werden Ihnen (per Massenmail) preiswerte Anmeldeprogramme oder -dienstleistungen für mehrere Hundert Suchmaschinen angeboten werden. Das Geld können Sie sich sparen. Die meisten der angesteuerten Suchmaschinen sind für Sie nicht relevant und oft auch noch fremdsprachig, viele sind schon verschwunden. Aber genau die wenigen marktrelevanten Suchmaschinen und Kataloge werden Sie mit solchen Billigangeboten und -bietern nicht erreichen, weil die sich ständig neue Qualitätskriterien ausdenken.

2.3.3 SOCIAL MEDIA MARKETING

An Einsatz und Nutzen der Social-Media-Plattformen und -Kanäle für und durch Weiterbildner scheiden sich die Geister. Zeitverschwendung und Humbug urteilen die einen, neue Wege der Kundengewinnung, -information, -bindung und -begeisterung schwärmen die anderen. Bei nüchterner Betrachtung bleibt zu sagen: Das Rad, das die Social Media in schnelle Drehung versetzt haben, ist nicht mehr zurückzudrehen – ungeachtet dessen, welche der heutigen Plattformen sich weiter durchsetzen, welche ineinander aufgehen, welche verschwinden und welche neu auftauchen werden.

Zeitverschwendung oder Chance?

Denn was sich tiefgreifend geändert hat, sind die Selbstverständlichkeit der partizipativen Kommunikation, das geänderte Nutzerverhalten im Internet und auf weiteren Medienplattformen sowie generell die gesteigerten Ansprüche an Transparenz und Kommunikationsschnelligkeit sowie -qualität. Diesen Herausforderungen an die Kommunikationsfähigkeit und -leistung, aber auch an das Marketing und die Akquise werden Trainer, Berater und Coachs weiter und stärker gerecht werden müssen.

Schnell, transparent, partizipativ

RELEVANTE SOCIAL NETWORKS & WEB-2.0-PLATTFORMEN FÜR TRAINER

Facebook – www.facebook.com
Eines der größten und populärsten sozialen Netzwerke, das sich zum »Internet des Internet« entwickelt. Wird – noch – überwiegend privat genutzt: Stand Februar 2011 schon von rund 619 Millionen Nutzern weltweit. Und immer mehr Unternehmen entdecken die Vorteile einer Facebook-Präsenz für Markenimage, Kundenkommunikation und Dialog. Nach Angaben von Mashable loggen sich 250 Millionen der weltweiten Facebook-Nutzer täglich auf der Plattform ein (Quelle: www.trendbuero.com).

Twitter – www.twitter.com
Mikroblogging-Plattform, auf der sich besonders im deutschsprachigen Bereich viele Berater, Marketers und Dienstleister tummeln, stark zunehmend auch Trainer, Coachs und Weiterbildner. Schneller Informations- und auch (nicht nur, aber auch!) Marketingkanal für alle, die sich auf 140 Zeichen beschränken und gegebenenfalls Links zu weiterführenden Websites, Videos, Shops, Blogs einbinden.

XING – www.xing.com
B2B-Netzwerk zum Austausch unter Geschäftspartnern und zur Akquise neuer Kunden. Mitglieder können Profile einrichten, nach Personen suchen und sich Verbindungen anzeigen lassen. Über Postings in den Fachgruppen und -foren können sie ihre Kompetenz unter Beweis stellen; Unternehmen können mit entsprechenden Firmenseiten auf sich aufmerksam machen. Ende des 1. Quartals 2010 waren gut 9 Millionen Nutzer registriert.

LinkedIn – www.linkedin.com
Die Plattform bietet einen Funktionsumfang ähnlich wie XING, hält nach eigenen Angaben im Februar 2011 weltweit über 90 Millionen Fach- und Führungskräfte. Diese können auf die eigene Website verlinken, ein Profil erstellen, neue Kontakte knüpfen, andere Mitglieder empfehlen und Unternehmensprofile erstellen. Produkte, die über das Unternehmensprofil beworben werden, können von den Nutzern empfohlen werden. International, mit deutlicher Business-Betonung.

Amazon – www.amazon.de/com und andere Internet-Versender
Selbstverständlich liegt auch hier ein großes Potenzial für Trainer, Berater und Coachs, sobald sie ein Buch oder Hörbuch veröffentlicht haben: Die Macht der Rezensionen und Empfehlungen, der Video-Rezensionen und »Hilfreich«-Buttons für die Entscheidung anderer Käufer ist nicht zu überschätzen.

Videoplattformen wie YouTube – www.youtube.com
YouTube ist nicht nur eine »Video-Abspielmaschine«, sondern die zweitgrößte Suchmaschine im Internet. Und eine Plattform, um Lehr-Videos, Seminarausschnitte, Promo-Trailer, Buchlesungen etc. zu veröffentlichen.

»Web 2.0-Experten- und Themen-Plattformen« – hierzu zählen beispielsweise www.competence-site.de und www.brainguide.de
Zwar sind die Interaktionsmöglichkeiten auf Seiten der Nutzer, der Leser, noch rudimentär, doch gewinnen diese Plattformen aufgrund ihres guten Suchmaschinen-Rankings Bedeutung für die sichtbare Experten-Positionierung von Trainern, Beratern und Coachs.

TED. ideas worth spreading – www.ted.com und www.slideshare.net
sind nur zwei Beispiele weiterer Plattformen, in denen sich Trainer, Berater und Coachs mit Videoinformationen und ihren Präsentationen als Experten präsentieren können.

Branchenspezifische Netzwerke
In der Trainer-, Berater- und Coach-Branche bieten sich auch die Plattformen und Portale fachspezifischer Netzwerke wie der Trainer- und Coach-Verbände, der großen Fachzeitschriften und engagierter Einzeltrainer, Coachs und Personaler an. Auf Listen und Blogrolls müssen wir in diesem Buch verzichten, da sie nicht aktuell zu halten sind; sie finden sich aber leicht unter den jeweiligen Suchbegriffen über die bekannten Internet-Suchmaschinen.

Blogs
Blogs – auch als Video-Blogs (Vlogs) und Audio-Blogs (PodCasts) sind eine extrem wichtige Kommunikationsplattform – die Zahl geht Anfang 2011 in die Millionen – und sie stellen die viertwichtigsten Social-Media-Plattformen im Business-Bereich. Und den adressieren Sie als Trainer, Berater, Coach ja auch.

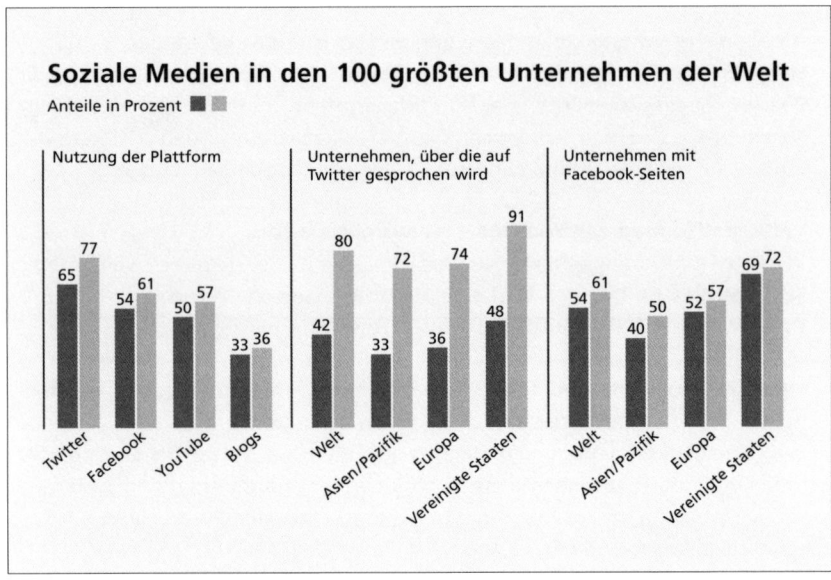

Soziale Medien in den 100 größten Unternehmen der Welt

Anteile in Prozent ■ ▨

Nutzung der Plattform | Unternehmen, über die auf Twitter gesprochen wird | Unternehmen mit Facebook-Seiten

Nutzung der Plattform: Twitter 65/77, Facebook 54/61, YouTube 50/57, Blogs 33/36

Unternehmen, über die auf Twitter gesprochen wird: Welt 42/80, Asien/Pazifik 33/72, Europa 36/74, Vereinigte Staaten 48/91

Unternehmen mit Facebook-Seiten: Welt 54/61, Asien/Pazifik 40/50, Europa 52/57, Vereinigte Staaten 69/72

Quelle: Burson-Marsteller/FAZ-Grafik Kaiser, aus: http://faz-community.faz.net/blogs/
netzkonom/archive/2011/02/19/twitter-vor-facebook-wie-die-groessten-unternehmen-
der-welt-social-media-nutzen.aspx vom 19.02.2011

Legion sind die Fachbeiträge, Bücher und E-Books zum Thema Social Media und Social Media Marketing, die ständig neu
erscheinen. Und das muss auch so sein, ändern sich doch die
Plattformen, die Vorlieben (»Noch irgendjemand in MySpace?«,
»Ist StudiVZ angesichts Facebooks wirklich noch wichtig?«,
»XING verliert 2010 massiv Mitglieder angesichts der enormen
Steigerungsraten von Facebook«) für und die Darstellungs- und
Kommunikationsmöglichkeiten auf diesen Plattformen ständig.
Daher müssen wir an dieser Stelle auf die aktuelle Literatur (und
das Literaturverzeichnis im Anhang) verweisen und können nur
allgemeine Überlegungen zur Präsenz von Trainern, Beratern
und Coachs in den Social Media zusammenfassen:

Blog

Zeitintensiv und inhaltlich anspruchsvoll

Unter den angeblich 200 Millionen Blogs weltweit, Tendenz steigend, finden sich wohl rund zwei Millionen aktive und darunter eine wachsende Zahl an *Corporate Blogs* (Unternehmensblogs) und *non-personal Blogs*, die man im Unterschied zu den *personal Blogs* (private Tagebücher) als »Themenblogs« bezeichnen kann. Die Zahl der Corporate und non-personal Blogs im Weiterbildungsbereich steigt ständig. Mit wirklich wichtigen, neuen, innovativen, kontroversen, visionären Themen mag man heute wie künftig als Weiterbildungs-Blogger auf sich aufmerksam machen, wenn man denn genügend Zeit, inhaltlichen Input, Diskussionsfreude und Durchhaltevermögen aufbringen kann. Und seinen Blog auch über vielerlei Verzeichnisse und Blogrolls auffindbar macht. Prüfen Sie, ob die Teilnahme an oder Initiierung von Blog-Carnivals für Sie eine lohnende Methode ist, mit anderen Bloggern in regen Austausch zu treten, gemeinsam spannende berufsbezogene Themen voranzubringen und nebenbei Ihre Sichtbarkeit im Netz zu erhöhen.

Eine Liste der mehr als fünfzig deutschsprachigen Weblogs der Weiterbildungsszene führt der sehr empfehlenswerte Weiterbildungsblog (www.weiterbildungsblog.de) unter http://www.weiterbildungsblog.de/2009/09/04/50-deutschsprachige-weblogs-rund-um-bildung-lernen-und-e-learning/#more-2924

Twitter

Unsere Erfahrung ist, dass im deutschsprachigen Bereich gerade Berater, Weiterbildner, Autoren, Trainer, Seminarleiter, Akademien, Agenturen und Personaldienstleister Twitter aktiv für sich entdeckt haben. Und das mit Erfolg – durchaus auch wirtschaftlich –, wenn die richtige inhaltliche Mischung an Tweets aus persönlichen Nachrichten, Marketing-News, Promotion-Infos mit Links auf (Sonder-)Kaufmöglichkeiten und Dialog mit

Followern gewählt wird und eine genügend große Zielgruppe außerhalb der eigenen Klientel angezogen und gebunden wird.

Twitter-Strategien Entscheiden Sie sich bei Ihren Twitter-Aktivitäten zwischen zwei Strategien:

1) die quantitative: Sie followen möglichst vielen Accounts, damit diese Ihnen auch followen, und hoffen darauf, dass bei der Versendung von akquise- oder marketingorientierten Tweets ein paar tatsächliche Interessenten getroffen werden.

2) die qualitative: Sie versuchen, interessante und wertvolle Tweets zu posten, sodass sich von alleine viele Follower finden, die ihre Tweets auch wirklich lesen, die Links anklicken, den Empfehlungen (Kauf, Akquise, Marketing) folgen und Ihren Account an andere Nutzer weiterempfehlen.

> **TIPP**
>
> Abgesehen von den Möglichkeiten zur aktiven Kommunikation sind gerade Twitter und Facebook herausragende Impulsgeber und Recherchequellen für innovative Themen, für Marktüberblicke, für all das, was Ihre eigene Weiterbildungsbranche, aber auch Ihre Kunden gerade umtreibt und welche Ideen in Zukunft aufkommen werden. Nutzen Sie diese beiden Plattformen auch dafür, internationale »Freunde« zu gewinnen und den Finger am Puls der Zeit zu.

Facebook

Das Internet des Internets Momentan ist Facebook das »Internet des Internets«, das innere Netz derer, die im Netz aktiv sind – zunehmend auch im deutschsprachigen Raum. Eine persönliche Seite und/oder eine Unternehmensseite in Facebook ist dann das richtige für Sie, wenn Sie als Weiterbildner

1) zeigen möchten, dass Sie selbst auch Weiterbildung betreiben und vorne mit dabei sind

2) die neuen Zielgruppen der Digital Natives ansprechen möchten

3) Bücher und Medien anbieten

4) die Kommunikation mit Ihren Zielgruppen pflegen möchten.

Mögliche Ziele auf Facebook

Wenn Sie als Top-Level-Coach nur im höchstpreisigen Honorar-segment Vorstände von internationalen Konzernen betreuen, kann Ihnen Facebook (außer als privates Netzwerk und beruf-liche Ideen-Fundgrube) in professionellen Zusammenhängen herzlich egal sein.

So gilt auch hier: Überlegen Sie genau, ob und wie Sie Ihre Ziel-gruppe über diesen Kanal ansprechen, binden und ausbauen können. Wie der ideale Mix an Kommunikationskanälen und -inhalten aussieht. Sie müssen, können und sollten wahrhaftig nicht überall dabei sein – aber überall da, wo Ihre Zielgruppe sich trifft und austauscht. Und zwar so, dass Sie Ihrer Commu-nity Orientierung, Nutzen, Mehrwert bieten – verbunden mit freundlicher, schneller, zuverlässiger und authentischer Kommu-nikation.

Nicht überall mit-mischen, sondern zielgruppenorientiert

> **TIPP**
>
> Auch und gerade für den Bereich Social Media gilt: Fokussierung statt Verzettelung. Kommunikation statt Werbung. Inhalte sind Ihr bestes Marketing, Expertise Ihre beste Akquise.

2.3.4 SEMINARPORTALE UND FACHKATALOGE

Fachkataloge Betrachten Sie Fachkataloge quasi als eine Sonderform von Suchmaschinen. Hier sitzen meist Redakteure – oder jedenfalls Mitarbeiter – und tragen alle möglichen Fachinformationen und -anbieter in einer bestimmten Branche oder zu einem Thema zusammen. Selbstverständlich gibt es solche Kataloge auch für den Weiterbildungsmarkt. Und zudem noch eine ganze Reihe von Onlineplattformen, -portalen und -börsen, auf denen Sie sich gegebenenfalls mit Ihrem Angebot platzieren können, und zwar sowohl werblerisch (Bannerwerbung oder Firmenporträt) als auch direkt mit der Einpflegung Ihrer Dienstleistungen, Seminare, Beratungstätigkeiten, Trainings, Bildungsmedien.

Informieren Sie sich genau, welche der vielen Börsen für Sie infrage kommt – und das heißt, welche von Ihrem Zielpublikum frequentiert wird. Ein Personaler sucht Seminare oder Trainer auf ganz anderen Plattformen, als das ein Entscheider bei einem Automobil-Zulieferer tut. Und eine Privatperson, die sich weiterbilden möchte, sucht woanders als die Weiterbildungsabteilung eines Nahrungsmittelkonzerns.

Ideale Plattform Auch wenn Sie glauben, die ideale Plattform(en) gefunden zu haben, kann es immer noch zweifelhaft sein, dass darüber überhaupt Seminare, Trainings oder Bildungsmedien gekauft werden. Da bleibt Ihnen nichts anderes übrig, als vor der Entscheidung, ob Sie Ihr Angebot dort platzieren möchten, tiefer zu recherchieren:

1. Lassen Sie sich vom Plattformbetreiber nachweisen, dass über die Plattform nicht nur Traffic läuft. Hohe Klickzahlen heißen da noch nichts, die kann man auch automatisiert generieren, sondern dass darüber tatsächlich Kundenanfragen und -buchungen verzeichnet werden.

2. Befragen Sie andere Anbieter auf der Plattform nach deren Erfahrungen. Es ist ja nicht so, dass da nur Wettbewerber sitzen, die Ihnen die Augen auskratzen. Die meisten sind doch ganz nett und teilen sich gerne mit.

2.3.5 ADDED VALUES

Es gibt eine Reihe von Zusatznutzen (Added Values), die Sie Ih- **Zusatznutzen** ren Kunden anbieten können – sowohl über Ihre Website als auch in Ihren Seminaren. Damit machen Sie sich nicht nur unentbehrlich für Ihre Kunden, zeigen diesen Ihre Wertschätzung und positionieren sich als innovativer Anbieter, Sie werden auch oft noch neue Kunden und Interessenten damit gewinnen, weil Sie die »Extra-Meile gehen« – und Kunden Sie weiterempfehlen. Manche Trainer oder Berater betrachten Rabatte oder den Verkauf von Trainingsmedien als Zusatznutzen – aber das ist aus Kundenperspektive nicht sehr weit gedacht. Was nicht heißt, dass Added Values wie die im Folgenden angeführten immer kostenfrei angeboten werden müssen – das ist tatsächlich eine Frage von Marktwert und Qualität.

Entscheidend ist, dass die Added Values wirklich integral zu Ihrer Dienstleistung passen – und dass sie idealerweise ohne große Mehraufwände auf Ihrer Seite erstellt werden können. Beispiel: Neuerdings werden Blogs und Podcasts als Added Values der Trainer- und Beraterszene »gehypt« – wohl auch, weil halt immer mal wieder neue Themen hermüssen. Prüfen Sie immer genau, ob Ihnen der Einsatz neuer Technologien und Trends wirklich Zusatznutzen für Ihre Klienten und Zusatznutzen für Ihre Akquise und / oder Ihre Positionierung bringt.

Weblogs Unter Blogs, auch Weblogs genannt, versteht man eine Art öffentliches Internet-Tagebuch, in dem der Trainer oder Berater täglich eine kurze Sequenz, eine Idee, einen Sinnspruch, eine Überlegung einträgt. So kann man sich seinen Kunden und Lesern besser bekannt machen und hält sich ständig in Erinnerung. Doch Vorsicht: In Blogs kann man sich auch als Langweiler oder Schwätzer outen – und das Medium eignet sich vorwiegend nur für Anbieter, die häufigen Kontakt zu einer aktiv sich informierenden **Webpods** Kundengruppe suchen. Ähnliches gilt für WebPods wie Podcasting: Ihrer individuellen »Radioshow«. Das Kunstwort Podcasting leitet sich ab vom englischen Wort für Rundfunk – Broadcasting – und dem Markennamen des weit verbreiteten iPod (Abspielgerät für mp3-Audiodateien) von Apple. So können Sie – auch kostenpflichtig – eigenproduzierte Audiodateien (Podcasts) über das Internet im Format eines Weblogs mit speziellem RSS-Feed anbieten. Damit kann sich der Interessierte jeden Tag gute Informationen von Ihnen anhören – und natürlich auch weiterleiten, was einen Werbeeffekt für Ihr Angebot haben kann.

Regelmäßiger Coaching-, Trainings- oder Beratungsbrief

Trainings- oder Beratungsbrief Einen Coaching-, Trainings- oder Beratungsbrief herauszubringen ist eine didaktische und journalistische Leistung, die Kunden sehr zu schätzen wissen. Damit sind nicht die »Newsletter« gemeint, in denen oft recht lieblos Seminarwerbungen und Kauftipps zusammengehackt sind, sondern regelmäßige, aufwendige Publikationen, die didaktisch an die Inhalte Ihrer Seminare und Trainings anknüpfen, diese aufgreifen, vertiefen und immer wieder mit neuen Ansätzen aktualisieren. Hiermit können Sie Ihre Kunden auch immer wieder aktivieren, indem Sie darin performancerelevante Fragen und Rätsel anbieten und beispielsweise Einzel-Auswertungen zusenden. Außerdem können Sie hierin Foren einrichten und Kunden zu Wort kommen lassen, beispielsweise mit Gastautorenbeiträgen, Best-Practice-Stories oder auch Testimonials (Referenzen) zu Ihrer Arbeit.

Was die Formate betrifft: Dazu eignen sich Zeitschriften im virensicheren .pdf-Format am besten, da sie sowohl schön gestaltet als auch gut ausgedruckt und archiviert werden können. HTML-Formate sehen zwar schön aus, werden aber von manchen Firmen-Servern zurückgewiesen und auch nicht von allen Mailclients fehlerfrei dargestellt. E-Mail-Plaintext eignet sich hier meist nicht, da gerade die aktivierenden, kommunikativen und appellativen Elemente nicht gut dargestellt werden und die Beratungsstories als öde Meterware erscheinen. Extrem ansprechend und mit vielen multimedialen Elementen und Zusatzfunktionen lassen sich E-Zines, Zeitschriften, die auf Internet-Plattformen laufen und zum Blättern einladen, gestalten. Diese anspruchsvollen Produkte sollten parallel als PDF zum Download angeboten werden, da sie so auch weitergeleitet und -empfohlen werden können.

Zu den Kosten: Wenn Sie ein wirklich hochwertiges Produkt entwickelt haben oder entwickeln möchten, dann lässt sich dies durchaus als Mehrwert im Seminar-, Beratungs- oder Trainingspreis quantifizieren. Damit bringen Sie eine überzeugende, langfristig unterstützende Leistung, die Sie zumindest nichts zusätzlich kosten wird. Ein akquisitionsunterstützendes Instrument, das sich selbst finanziert und auch noch dauerhaft und auf einem hohen Qualitätslevel funktioniert.

Hohes Qualitätslevel

Idealerweise verbinden sich solche Coaching-, Trainings- oder Beratungsbriefe mit Ihrer Website, auf der Sie dann Zusatzmaterial zum Download oder elektronische Selbsttests sowie Foren und/oder Chatmodule anbieten. Auch eine Hotline oder ein Call-back-Button gehört zum aktivierenden Angebot, sodass Fragen und Anregungen zeitnah von Ihnen entgegengenommen werden können.

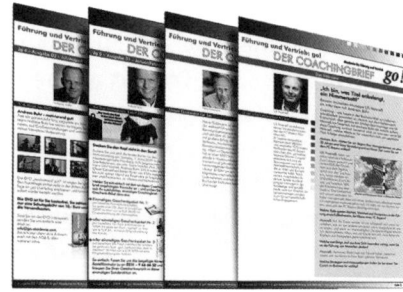

IPA Institutsbriefe: Beispiel für ein themenorientiertes Magazin aus der Beraterszene, das sich mit internationalen Beiträgen aus Wissenschaft und Praxis an HR-Leiter und Personalentwickler wendet.

Führung und Vertrieb: go! Der Coachingbrief ist als E-Zine, als Zeitschrift im Internet, mit Audio, Video und Multimedia verbunden und wird zusätzlich als klassische PDF-Zeitschrift herausgegeben.

Branchenspezifischer Nachrichten- und Themendienst

Themendienste

Einen etwas anderen Fokus haben die branchenspezifischen Nachrichten- und Themendienste, mit denen sich Ihr Fachpublikum aus speziellen Branchen sehr gut erreichen und dauerhaft binden lässt.

Executive Excellence: Beispiel für eine Kundenzeitschrift im Bereich Management-Beratung als hochklassiger Themendienst mit internationalen Autoren

Im Unterschied zu den oben beschriebenen Coaching-, Trainings- und Beratungsbriefen wird hier neben Ihrer Themenkompetenz auch noch Ihre Branchenkompetenz verstärkt gefordert, weil Sie Ihre Kunden noch deutlich mehr mit Nachrichten, Wirtschaftsfakten, Hintergründen, Studien, Forschungsergebnissen etc. aus Ihrer Branche versorgen. So entsteht etwas wie eine kundenspezifische Fachzeitschrift, in der Ihre Kunden auf wenigen Seiten verdichtet und werbefrei das beste Wissen Ihrer Branche finden.

Elektronisch unterstützte Weiterbildungspfade

Mit diesem etwas sperrigen Wort wollen wir unterhalb der Schwelle des hybriden Lernens oder des Blended Learning bleiben. Denn auch auf einem etwas »kleineren didaktischen« Feuer kann man gute Ideen köcheln. Entscheidend ist, dass Sie Ihre Bildungs-, Trainings-, Beratungs- oder Coachingmaßnahme mit integral in den Weiterbildungspfad eingearbeiteten On- und Offlinemedien unterstützen:

Weiterbildungspfad

- mit Onlineassessments (Selbst-Testverfahren)
- Literaturempfehlungen und Lesematerialien als .pdf-Download sowie
- regelmäßige Beratungstreffen im Onlinechat,
- Themen-Foren online für die Teilnehmer,
- persönliche/individuelle als auch standardisierte E-Mail-Betreuung während und nach den Trainingsphasen oder zwischen Intervall-Trainingsphasen,
- Überprüfung von Hausaufgaben,
- Treffen in Virtual Classrooms,
- Telefon-Hotline,
- personalisierte Evaluierungsmaßnahmen,
- Feedbackrunden.

Selbstverständlich können Sie auch ein Instrument wie die beschriebenen Coaching-, Trainings- oder Beratungsbriefe in diese Weiterbildungspfade integrieren.

Kunden, die Sie derart intensiv betreuen, werden Ihnen nicht nur treu bleiben, sondern Sie und Ihre Leistungen auch weiterempfehlen.

> **Sehr einfach können Sie all diese Zusatzdienste handhaben, wenn Sie Zugriff auf eine Lernplattform haben. Im Gegensatz zu früher, als Sie noch viel Geld für ein proprietäres System ausgeben mussten, können Sie heute sowohl für Chats als auch für Forentools und selbst für Lernplattformen (LMS) Open-Source-Software-Pakete nutzen – die aber noch angepasst werden müssen.**

Zusatznutzen für Ihre Akquise

Fazit: Diesen Zusatznutzen für Ihre Akquise und für Ihre Kunden erzielen Sie mit dem Einsatz solcher Technologien:

- Erhöhung der Kundenbindung und -treue
- Einfaches Angebot von interaktiven Elementen wie Umfragetools, Foren, Chats
- Einfache Einbindung von Lernmedien (im weiteren Sinne) aller Art: Fotos, .pdfs zum Herunterladen, CDs (Tonmaterial), Videomaterial, DVDs, Skripte etc.
- Einfache Einbindung und Auswertung von Feedback-Elementen
- Erhöhung der Nachhaltigkeit der Seminare
- Einfache Abwicklung von Kursen und Seminarbausteinen
- Ausbau einer einfachen Website zur Kommunikationsplattform für Seminarteilnehmer und eben zur Lernplattform

2.4 KLASSISCHE WERBUNG

Vielfach hören wir von einzelnen Trainern, dass Anzeigen oder Spots natürlich nur was für Großunternehmen und für Trainer nicht bezahlbar sind. Seien Sie mit solchen Aussagen vorsichtig. Sie entsprechen nicht der Wirklichkeit. Natürlich macht es keinen Sinn, ein Spezialseminar in einer ganzseitigen Anzeige in der Bildzeitung zu bewerben, da die Kosten ca. 200 000 Euro betragen. Eine Anzeige im Seminarplaner der *Zeit* dagegen kostet nur 110 Euro und erreicht vielleicht genau Ihre Zielgruppe. Lassen Sie sich nicht von Pauschalaussagen irgendwelcher Leute beeinflussen. Testen Sie selber die Instrumente der klassischen Werbung. Nur glauben Sie bitte auch nicht, dass nur von einer einzigen Anzeige Ihr komplettes Auftragsbuch für die nächsten Jahre gefüllt wird.

2.4.1 ANZEIGEN

Klassische Anzeigen sind sicher das Erste, woran man bei Trainer-Werbung denkt. Doch trotz aller Mediadaten, die Sie prüfen können, werden Sie Streuverluste nicht ausschließen können. Viel wichtiger noch: Der Aufmerksamkeitswert der meisten Anzeigen tendiert gegen null. Das liegt an einer Reihe von Gründen:

Aufmerksamkeitswert

- Oftmals werden Anzeigen in »Anzeigenwäldern« veröffentlicht. Wo aber Dutzende von Trainer- und Weiterbildner-Anzeigen aufgereiht sind – wie wollen Sie sich dann noch herausheben?
- Die Kosten sind oft so hoch, dass nur kleine Formate gewählt werden.
- In den kleinen Formaten lassen sich – neben Logo und Adresse – aber kaum nutzbare Informationen und schon gar keine Akquiseargumente unterbringen.
- Schwarz-Weiß-Anzeigen sehen häufig »trauernd« aus.

> **Ungewöhnliche Formate und die Reduktion auf sehr wenige »Key-Visuals« – echte Hingucker – ziehen Aufmerksamkeit auf eine Anzeige.** Aber prüfen Sie dennoch, ob ein Transfer stattfindet, indem Sie durch Codierung oder Interessentenabfrage herausbekommen, ob tatsächlich ein Interessent aufgrund dieser Anzeige auf Sie zugekommen ist.

Platzierung

Branchenmagazine Viele Trainer und Berater greifen zunächst nach den typischen Branchenmagazinen, die Sie selbst auch lesen. Aber lesen Ihre Kunden diese Magazine auch? Erfragen Sie zunächst einmal, welche Werbeträger, also Zeitungen und Zeitschriften, von Ihren tatsächlichen und potenziellen Kunden regelmäßig gelesen werden. Intuitiv greifen die meisten Trainer nach Zeitschriften wie *ManagerSeminare, wirtschaft&weiterbildung* oder *Training aktuell*. Wenn Ihre Kernzielgruppe aber zum Beispiel Vertriebsleiter in mittelständischen Metall verarbeitenden Unternehmen sind, dann haben Sie mit Ihrer Anzeige wahrscheinlich gezielt am Kunden vorbeigeschossen. Dummerweise haben Sie somit lediglich Ihre Wettbewerber auf Sie aufmerksam gemacht, da diese genau wie Sie die Trainerpresse lesen.

Mediadaten Um mehr Sicherheit über die Zusammensetzung der Leserschaft – und mithin Ihrer Zielgruppe – einer Zeitschrift oder Zeitung zu erhalten, fordern Sie die Mediadaten der Fachzeitschriften an, die Sie in die engere Wahl ziehen. Die Anzeigenverkäufer haben in aller Regel konkrete Informationen über die Leserschaft vorliegen.

Nach der Auswahl des richtigen Mediums kommt es natürlich auch auf die Gestaltung und die Inhalte der Anzeigen an. Die folgenden Hinweise können Ihnen die Gestaltung vereinfachen:

SO WIRKEN ANZEIGEN

- **Farbe:** Mehrfarbige Anzeigen produzieren eine deutlich höhere Beachtung als Schwarz-Weiß-Anzeigen.

- **Größe:** Je größer die Anzeige, desto höher die Chance, dass die Anzeige auch wirklich gesehen wird. Zugleich werden Doppelseiten nicht nur auffälliger, sondern auch als anspruchsvoller und bedeutungsvoller angesehen.

- **Textmenge:** Je mehr Text, desto geringer die Chance, wirklich gesehen zu werden – die Bereitschaft, den Text zu lesen, nimmt ab.

- **Bildelemente:** Anzeigen, die auffällige Bildelemente verwenden, werden leicht überdurchschnittlich beachtet, insbesondere wenn es sich um Prominente handelt.

- **Beachtungswerte:** Es besteht ein starker Zusammenhang zwischen Beachtung und Emotionalität der Anzeige. Anzeigen, die nur wenig an das Gefühl appellieren, erreichen weit geringere Beachtung.

CHECKLISTE

- **Heftumfang:** Der Umfang einer Zeitung oder Zeitschrift hat keinen Einfluss auf die Beachtung von Anzeigen.

- **Platzierung:** Es gibt keinen Beachtungsunterschied zwischen Anzeigen auf der rechten oder linken Seite einer Zeitung. Ebenso gibt es keinen wesentlichen Unterschied, ob Sie weiter vorne oder weiter hinten in einer Zeitung auftauchen.

- **Umfeld:** Ein themenverwandtes oder nichtverwandtes Umfeld spielt eine geringe Rolle für die Anzeigenbetrachtung.

- **Konkurrenzanzeigen:** Die Beachtung der Anzeige wird durch viele Anzeigen der gleichen Branche im selben Heft nicht beeinflusst.

Redaktionelle Werbung

Redaktionelle
Werbung

Es gibt natürlich auch Mischformen, die als »redaktionelle Werbung« gekennzeichnet sind. Das sind im Allgemeinen nichts anderes als verkaufte Anzeigenplätze, die aber nicht grafisch, sondern als informativer Werbetext gestaltet werden. Mit Fotos und Grafiken ansprechend gestaltet können sie im Einzelfall interessante Werbemittel sein – das hängt ganz klar auch von Ihrer Zielgruppe und vom Medium ab.

Wenn Sie schon eine klassische Werbung wie z. B. eine Anzeige schalten wollen, dann informieren Sie sich über die Themenschwerpunkte der nächsten geplanten Ausgabe des Heftes, in dem Sie werben möchten. Mit einem Schwerpunkt, der sich mit Ihrer Kernpositionierung oder Ihren Kernkompetenzen deckt, finden Sie möglicherweise das ideale Umfeld, um selbst einen Fachartikel unterzubringen und aufmerksamkeitssteigernd eine Werbeanzeige dazu zu platzieren.

Auch andere Werbemittel wie Banner, Plakate und andere Druckmaterialien sowie Give-aways gehören zu Ihrem Kommunikations- und Marketingmix und werden von Ihnen z.B. auf Messen, am Point of Sale, bei Büchertischen eingesetzt. Sie können damit sowohl (optische) Aufmerksamkeit erzielen als auch Ihr Cross- und Upselling verstärken.

Es gibt noch eine Werbeform, für die Sie überall bezahlen, die aber viel zu selten wirklich zur Werbung genutzt wird: Stellenanzeigen. In Stellenanzeigen präsentieren Sie sich selbst, Ihr Unternehmen, Ihre Arbeit, Leistungen, Angebote, Referenzen, Zielgruppen – oder vielmehr: Sie könnten. Denn die meisten verzichten darauf. Und das, obwohl diese Seiten von potenziellen Interessenten gelesen werden – und zwar vom Trainee bis zum Personalentwickler, vom Studenten bis zur Führungskraft.

Stellenanzeigen

Also: Nutzen Sie diese Werbefläche, die Sie sowieso bezahlen müssen.

SO KÖNNEN SIE WERBUNG BETREIBEN

1. Die Werbung kann auf der Darstellung interner Leistungsfaktoren basieren. In der Regel bilden Bildungsanbieter in ihren Printmedien Ausführungen zu einzelnen Dozenten, den Unterrichtsräumen oder dem Gebäude ab.

2. Es besteht die Möglichkeit, eine Werbung durch die Wiedergabe zufriedener Kundenstimmen (Referenzen) zu gestalten. Diese aktiven Referenzen sollten mit Namen, Position und Unternehmen angegeben werden. Unter Umständen macht es Sinn, diese Personen auch abzubilden und ihre Kontaktdaten anzugeben.

3. Abbildung von Preisen, Zertifikaten oder Vereinslogos, bei denen man Mitglied ist, können Seriosität symbolisieren.

CHECKLISTE

4. Sie können auch Meinungsbildner oder Prominente einsetzen, die die Kunden von Ihrer Qualität überzeugen. Haben Sie prominente Kunden, die sich zur Verfügung stellen würden?

5. Konkretisieren Sie Ihre Leistungen dadurch, dass Sie dem Kunden zeigen, was er nach der Bildungsleistung erreichen kann; die konkreten Folgen der Bedürfnisbefriedigung werden in den Mittelpunkt gestellt.

6. Bei veredelten Bildungsleistungen kann das Trägermedium herausgestellt werden (Schulungsunterlagen, Buch, CD ...).

2.4.2 HÖRFUNK- UND FERNSEHWERBUNG

Lokales Weiterbildungs-Großevent

Und dann gibt es noch die Werbung in Hörfunk und TV. Wenn Sie beispielsweise ein lokales Weiterbildungs-Großevent für die Zielgruppe der Privatmenschen planen, dann können kurze Hörfunkspots gut funktionieren – vor allem, wenn sie professionell konzipiert, mit großer Sorgfalt produziert und mit einer Überraschung, einem »Knalleffekt« versehen sind. Das Gleiche gilt für Werbezeit im lokalen TV-Sender. Werbespots in einem der Wirtschaftssender machen vielleicht Sinn, wenn Sie einen Börsengang planen oder zur Konsolidierung, wenn Ihr Unternehmen übernommen worden ist oder Sie Ihrerseits Übernahmen planen. Das wird aber nur für einen kleinen Teil unter Ihnen zutreffen.

Programming

Programming – also der Kauf von Sendezeit zu PR- und Werbezwecken – bietet sich in diesem Umfeld ebenfalls an. Es gibt Agenturen und Makler, die darauf spezialisiert sind, sehr interessante Infoformate oder Dokumentationen zu produzieren, die in der eigentlich gekauften Werbezeit als Programm laufen.

Vorsicht aber bei den Angeboten von dubiosen TV-Firmen und TV-Produzenten, die versprechen, dass Sie einen Imagefilm bei Ihnen drehen und diesen dann auch ausstrahlen lassen. Trainer und Weiterbildungsunternehmen faxen uns immer wieder solche Angebote zur Begutachtung zu – und bisher war noch keines darunter, das diese Ansprüche hätte erfüllen können.

Gleiches gilt für »Spotwerber«, die versprechen, Ihre Visitenkarte zusammen mit der ähnlicher Unternehmen im zielgruppenaffinen Umfeld zu platzieren. Oftmals heißt das nichts anderes, als eine »Werbetafel« mit Dutzenden von Visitenkarten für ein paar Sekunden auszustrahlen – wer bitte soll daraufhin sich bei Ihnen melden? Akquisewert null – Kosten beträchtlich.

Radio- und Fernsehwerbung sind immer dann geeignet, wenn Sie sich an ein möglichst großes, disperses Publikum wenden und für verschiedene Zielgruppen ein gutes Angebot haben. Das können z. B. Sprachkurse, Sprachreisen oder Aus- und Weiterbildungsgänge sein.

2.5 DIRECT MAILING

Mailings werden häufig eingesetzt, um den Kontakt zu neuen Kunden aufzubauen oder um mit Kunden, die längere Zeit nicht mehr bestellt haben, weiter in Kontakt zu bleiben.

Sie werden vielleicht direkt einwenden, dass Mailings oft im Papierkorb verschwinden und außerdem viel zu teuer sind für einen Trainer. In diesem Einwand sind zwei Aspekte zu finden.

Zunächst einmal werden Mailings tatsächlich von vielen Adressaten im Mülleimer entsorgt. Dies geschieht regelmäßig dann, wenn diese keinen Bedarf haben. Wenn Sie einem Einkäufer ein Mailing schicken, in dem ein Seminar zum Vertrieb angeboten wird, dann schmeißt er dieses weg. Das heißt, wenn ich einen Vertriebsmitarbeiter kontaktiere, dann erreicht meine Botschaft auch die Zielperson. Dass diese dann nicht sofort auf Ihr Mailing reagiert, liegt dann vielleicht daran, dass er zurzeit viel um die Ohren hat oder erst letzte Woche auf einem Seminar war. Was halten Sie davon, ihn nach der Aussendeaktion eine Woche später anzurufen? Sie werden schnell erfahren, woran es gelegen hat, dass er nicht reagiert hat.

Die Kosten sind bei einem Mailing gut zu steuern. Denken Sie als Trainer nicht nur an die großen Massenaussendungen von 10 000 Stück oder mehr. Sie können auch nur 100 Briefe versenden und diese dann nachträglich nachtelefonieren. Dies ist viel effektiver als eine Massenmail von 10 000, die Sie nicht weiter bearbeiten können. Und sind 55 Euro für 100 potenzielle Kunden tatsächlich zu viel?

GESTALTUNG VON MAILINGS

1 **Erfolgsfaktor Nr. 1 ist die Adresse**
Wenn Sie gute Adressen haben, dann werden Ihre Streuverluste sinken und die Responsequote ansteigen. Aktivieren Sie dafür auf jeden Fall auch immer Ihre Altkunden. Sammeln Sie eigentlich auf jedem Seminar auch die Visitenkarten der Teilnehmer ein?

2 **Sprechen Sie den Empfänger direkt an**
Wir möchten alle direkt angesprochen werden. Verwenden Sie also nicht nur allgemeine Floskeln, sondern versuchen Sie, den Nutzen für den Leser im Anschreiben deutlich herauszustellen.

3 **Der Umschlag**
Nutzen Sie auch Vorder- und Rückseite Ihres Umschlages für die Kommunikation. Auch wenn das Mailing un-geöffnet in den Mülleimer wandert, kann der Umschlag wirken und Ihre Marke bekannter machen.

4 **Die Beilage**
Studien haben gezeigt, dass kleine Eyecatcher oder Give-aways die Responsequoten deutlich nach oben treiben. Nutzen Sie diese Erkenntnis, alle Kunden möchten gerne etwas geschickt bekommen.

5 **Das Responsemittel**
Eröffnen Sie Ihren Kunden mehrere Möglichkeiten, sich bei Ihnen zurückzumelden. Telefon, Fax oder eine Antwortpostkarte erhöhen die Responsequote. Viel-leicht können Sie ja weitere Gratisinfos anbieten.

6 **Konzentrieren Sie die Botschaft**
Machen Sie nicht den Fehler, alles auf einmal kommuni-zieren zu wollen. Beachten Sie die KISS-Regel = »Keep it short and simple«. Einfache Botschaften und einfache Inhalte erleichtern die Kommunikation.

2.6 MESSEN

Ob und in welchem Umfang Messen für die Akquisition neu-er Kunden geeignet sind, ist umstritten. Die Erfahrungsberichte von Trainern, Coachs, Beratern und Bildungsinstitutionen rei-chen von »*grauenvoll, gähnende Leere*« über »*Na ja, wir hatten interessante Gespräche*« bis hin zu »*Super! Tolle Leads und sehr konkrete Anfragen*«.

Woran das liegt? Vor allem an vier Punkten:

1. der unterschiedlich guten Recherche
2. der unterschiedlichen Erwartungshaltung
3. der unterschiedlich präzisen Vorbereitung
4. der unterschiedlich effizienten Nachbereitung

Messeauftritt Damit Ihr Messeauftritt – oder auch Messebesuch – zu einer akquisitorisch positiven Erfahrung wird oder werden kann, wenden wir uns den vier Punkten im Einzelnen zu.

2.6.1 ÜBER RECHERCHE ABSICHERN

Es ist tatsächlich so: Viel Frust entsteht auf Messen, weil (unerfahrene) Aussteller gar nicht sicher sind, ob es überhaupt die richtige Messe für sie ist. Gerade bei den vielen Ausbildungs-, Weiterbildungs-, Karriere-, Job-, HR- und PE-Messen herrscht unter Trainern, Bildungsinstituten und Beratern häufig Unsicherheit, auf welcher Messe – wenn denn überhaupt – sie sich präsentieren sollen. Nach unserer Erfahrung passiert es tatsächlich, dass Trainer Stände buchen, weil die Messegesellschaft oder der Ausrichter ein gutes Marketing gemacht und sie so lange mit Infomaterial bombardiert hat, bis die Trainer dachten: Na, da muss ich wohl hin, da MUSS man offensichtlich mitmachen. Und sind dann enttäuscht, wenn sie einen leeren (zudem oft langweiligen Einheits-)Stand besetzen, der auf bestenfalls mäßiges Interesse beim Publikum stößt. Sie müssen Ihr Zielpublikum kennen, um zu wissen, auf welchen Messen Sie es ansprechen können. Die richtige Zielgruppen-Analyse ist hier ebenso wichtig wie im restlichen Business.

Wie können Sie also die für Sie möglicherweise richtigen Messen recherchieren?

1. Messeübersichten in den Fachzeitschriften vergleichen. Recherche-möglichkeit
   Meist liegen den Zeitschriften frühzeitig auch Informationsmaterialien über begleitende Kongresse und bereits angemeldete Firmen bei.
2. Die Websites der Messeanbieter immer wieder durchforsten nach den aktuellen Ausstelleranmeldungen, Pressemitteilungen und Ausstellerinformationen.
3. Messeberichte in den Fachzeitschriften über längere Zeit verfolgen ... und auch zwischen den Zeilen lesen lernen.
4. Kollegen und Kooperationspartner nach ihren Erfahrungen auf spezifischen Messen befragen.

> **Wenn ein Kollege, Kooperationspartner, branchengleiches Unternehmen gute Erfahrungen auf einer spezifischen Messe gemacht hat, scheuen Sie sich nicht vor Best-Practice-Fragen: Worauf führen Sie den spezifischen Erfolg gerade bei dieser Messe / an diesem Tag / mit diesem Stand zurück? Was haben Sie Besonderes gemacht? Welches Zielpublikum wurde wie angesprochen? Gab es vielleicht ausgefallene Give-aways oder eine audiovisuelle Show, Theatereinlagen oder szenische Darstellungen? Wie hat man sich auf die Messe vorbereitet?**

Denken Sie quer bei der Auswahl einer Messe, auf der Sie sich präsentieren wollen:

1. Vielleicht ist eine Regionalmesse für Sie das Richtige, weil Sie dort nah am potenziellen Kunden sind. Regionalmesse
2. Oder eine Branchenmesse kann Sie viel weiter bringen, weil Sie dort Ihre branchenspezifische Fachkompetenz zusammen mit Ihrer Trainings- oder Aus-/Weiterbildungserfahrung direkt an branchenspezifische Entscheider bringen können. Branchenmesse

3. Möglicherweise ist auch eine Messe im umliegenden Ausland ein akquisitorischer Volltreffer, weil Sie dort auf eine andere Wettbewerbssituation treffen und sich unter anderen Gesichtspunkten, etwa der interkulturellen Kompetenz, präsentieren können. Im deutschsprachigen Ausland benötigen Sie dafür nicht mal spezifische Sprachkenntnisse; mit Englisch, Französisch oder einer der slawischen Sprachen sind Sie schon ganz weit vorne.

2.6.2 ERWARTUNGSHALTUNG DEFINIEREN

Ganz entscheidend ist, dass Sie sich vor einem möglichen Messe-Engagement darüber klar werden, was Ihr eigentliches Ziel ist, z. B.:

■ Erstpräsentation Ihres Angebotes (Testphase)
■ Neukunden-Akquise
■ Pflege des bestehenden Kundenstammes und Networking
■ Allgemeine Imagepflege und Steigerung des Bekanntheitsgrades
■ Erschließung einer neuen Branche oder eines neuen Marktes
■ Produkt-/Dienstleistungsdiversifikation oder Vorstellung neuer Produkte/Dienstleistungen

Nur an dem definierten Messeziel können Sie im Nachhinein im Rahmen Ihrer Evaluation sehen, wie erfolgreich Ihr Messeengagement wirklich war – und im Rahmen des Benchmarkings, wie Sie Ihr Ziel nächstes Mal vielleicht besser erreichen können oder welches Ziel Sie sich dann setzen sollten.

Spricht man aber mit Ausstellern – vor allem Neulingen –, so ist die am meisten gehörte Aussage zur Zielsetzung und der daraus resultierenden Erwartungshaltung: »*Weiß ich nicht genau ... mal gucken, was sich ergibt ... auf den anderen Ständen ist auch nicht mehr los ... die XY-Branche leidet eben zurzeit konjunk-turbedingt.«*

Sie haben sich also jetzt über möglicherweise für Sie interessante Messen informiert und festgelegt, was Sie auf einer solchen Messe erreichen wollen. Dann geht es jetzt darum, Ihren Messeauftritt optimal vorzubereiten.

2.6.3 MESSE VORBEREITEN

Der wichtigste Punkt ist: der Zeitfaktor. Sie glauben gar nicht, wie viel Ressourcen und Akquisemöglichkeiten verschwendet werden, bloß weil Messeengagements bis »kurz vor knapp« liegen bleiben. Daher fangen Sie, je nach Ressourcenstärke, vier bis sechs Monate vor Messebeginn mit der Planung an. Die Faustregel: Je weniger Mitarbeiter Sie zur Messedurchführung haben, je mehr Zeit müssen Sie einplanen, da Sie viele Aufgaben nebenbei werden erledigen müssen – und da müssen Sie eben auch Puffer für unvorhergesehene Verzögerungen berücksichtigen. Die Zeit werden Sie brauchen, um die folgenden sechs Punkte zu erarbeiten:

Zeitfaktor

1. Personelle Verantwortlichkeiten
2. Einladungen
3. Absprache von Gesprächsterminen
4. Messeaktionen
5. Presseaktionen / Pressemitteilungen
6. Standorganisation

1. Personelle Verantwortlichkeiten:

Legen Sie frühzeitig fest, wer sich um Standorganisation und Standbetreuung kümmern wird, wer sich um die Einladungen und die Aktionen kümmert und wer gegebenenfalls frühzeitig in

Verantwortlich-keiten

die Presseinformation einsteigt. Als Einzeltrainer oder Berater werden Sie sich um vieles davon selbst kümmern müssen oder wollen. Aber besinnen Sie sich auf Ihre Kernkompetenzen: Sie vermitteln Inhalte, Sie sind vielleicht nicht der weltbeste Organisator oder Eventmanager oder Pressebetreuer. Ihre Aufgaben sind vor allem die strategischen, die mit der Auswahl der Zielgruppen, der Zielgruppenansprache (Einladungen) und der präsentierten Inhalte zu tun haben. Wollen Sie sich jedoch um alles selbst kümmern, gewöhnen Sie sich die Arbeit mit einfachen Checklisten an, die Ihnen viel Arbeit abnehmen.

Wenn Sie Kosten sparen wollen, versuchen Sie, sich an einem Kooperations- oder Gemeinschaftsstand zu beteiligen. Erfolgreich sind z. B. Gemeinschaftsstände mit Kunden oder Auftraggebern im Rahmen von Best-Practice-Infoständen. Auch Beteiligungen an regionalen oder Projektständen (»EU-Projekt«) sowie im Rahmen von Gemeinschaften wie dem Trainertreffen o. ä. Organisationen reduzieren Ihre Kosten und den Organisationsaufwand.

Messeplattformen Zur organisatorischen Entlastung bietet sich auch manchmal an, die Hilfe spezialisierter Dienstleister in Anspruch zu nehmen. Sie finden deren Angebote über die Messeplattformen im Internet.

2. Einladungen:

Einladungen Versenden Sie so frühzeitig Einladungen zum Messestandbesuch an Ihre erwünschte Zielgruppe, dass diese auch genügend langen Antwort- und Planungsvorlauf hat. Eventuell versenden Sie noch einen netten Reminder per Mail oder Post, das hängt von Ihrer Messe-Zielsetzung ab. Aktivieren Sie das Antwortverhalten Ihrer Zielgruppe durch das Versprechen wertiger Werbegeschenke, die man sich am Stand abholen kann, oder mittels Spielen / Auslosungen, die zur Antwort anregen.

3. Gesprächstermine:

Kontaktieren Sie die Antwortenden telefonisch und machen Sie mit ihnen präzise Einzel-Gesprächstermine aus. So stellen Sie sicher, dass Sie zum richtigen Zeitpunkt am Stand sind und Ihre Messezeit optimal nutzen. Wirklich interessierte Nachfrager/Messebesucher organisieren sich mittlerweile auch überwiegend im Rahmen von Gesprächs-Marathons, da sie das allgemeine Angebot auf der Messe bereits zur Genüge kennen.

Gesprächstermine

4. Messeaktionen:

Pfiffige Messeaktionen müssen nicht sehr teuer sein – wenn Sie wirklich aus Sicht Ihrer Zielgruppe her denken, was sie reizen könnte. Eine Messeaktion können Sie auch mit der Präsentation Ihrer (neuen) Dienstleistung oder Ihres Produktes verbinden.

Messeaktionen

Erfragen Sie, bevor Sie sich für eine Messebeteiligung entscheiden, unbedingt rechtzeitig beim Messeveranstalter, ob Sie an einer zielpublikumswirksamen Aktion auf einer Freifläche, im Rahmen eines begleitenden Kongresses oder einer Podiumsdiskussion teilnehmen oder einen Vortrag halten können. Diese sind wichtig für die Aufmerksamkeitsgewinnung der Zielgruppe, für die Dokumentation Ihres Expertenstatus und für die Pressearbeit vor und während der Messe.

5. Pressemitteilungen:

Wenn Sie etwas Neues auf der Messe vorstellen, wenn Sie einen richtig guten Aufhänger haben, wenn Sie eine tolle Messeaktion planen oder auch ein sehr gutes Referenzprojekt (zusammen mit dem Auftraggeber beispielsweise) vorstellen, dann weisen Sie die Fachpresse rechtzeitig darauf hin. Wie immer in der Pressearbeit gilt: Denken Sie aus Sicht der Redakteure. Haben Sie wirklich Berichtenswertes? Wenn ja, dann sorgen Sie dafür, dass die Pres-

Pressemitteilungen

se es rechtzeitig erfährt und dass Sie auch (Einzel-)Gesprächstermine für Redakteure anbieten.

> **Haben Sie als größeres Trainings- oder Bildungsunternehmen an jedem Messetag oder gar mehrfach am Tag was Interessantes zu berichten, so mieten Sie ein sogenanntes Pigeon-Hole (Pressefach) im Pressezentrum des Messeveranstalters. Dort können Sie Ihre Pressemitteilungen, -einladungen und -mappen mit Fotomaterial zentral ablegen, und die interessierten nationalen und internationalen Journalisten sind gewohnt, dort das Material gebündelt zu finden. Diese Pressefächer sind nicht teuer und können meist direkt über Internet oder auch telefonisch gemietet werden.**

6. Standorganisation:

Standorganisation

Anmeldeformulare für die Messe fordern Sie bei der Messegesellschaft an oder laden sie einfach aus dem Internet herunter. Diese enthalten auch Informationen über die verschiedenen Stand-Arten:

- Reihenstand
- Eckstand
- Kopfstand
- Blockstand
- Freigelände

Die Kosten weichen häufig erheblich voneinander ab, da der Aufmerksamkeitswert und die »Laufstraßen« der Stände unterschiedlich sind. Bei der Kostenberechnung der Standflächen müssen Sie natürlich wissen, wie viel Platz Sie ungefähr benötigen.

Errechnen Sie den Platzbedarf für beispielsweise:

- Exponate
- Info-Punkte
- Info-Theke
- Bewegliche Exponate
- Büro / Telefonecke
- Besprechungskabinen offen / geschlossen
- Besprechungsinseln aus Tisch und vier Stühlen
- Offene Sitz- und Besprechungslandschaft
- Küche, Lager, Garderobe
- Raum für Aktentaschen-Schränke
- Technisches Lager und Werbemittel
- Sehabstände und Bewegungsraum

Oft lassen Messegesellschaften mit sich handeln, wenn kurz vor **Standkosten** Messebeginn noch Freiflächen verfügbar oder Aussteller abgesprungen sind. Bevor Sie sich anmelden, immer zum Telefonhörer greifen und nachfragen. Für die Messe ist ein günstig vermieteter Platz immer noch ein geringerer Verlust als ein Leerstand und der damit einhergehende Prestigeverlust. Sowohl andere Anbieter als auch die Presse sehen nämlich, wenn die Messehallen nicht gut ausgebucht sind.

Was den Standbau selbst betrifft, können Sie zwischen zwei Mo- **Standbau** dellen wählen: Sie mieten einen Stand vor Ort, was praktikabel und günstig ist. So haben Sie allerdings nur begrenzte Design- und CI-Möglichkeiten. Oder Sie kaufen einen Stand, lassen einen bauen. Das lohnt sich nur bei mehrfachen Ausstellungen und erfahrenen Mitarbeitern im Haus, die die Teile dann auch richtig zu lagern, zu transportieren und auf- wie abzubauen wissen.

STANDBAU

- Vorschriften des Veranstalters und behördliche Vorschriften (Sicherheitsvorschriften) beachten
- Standdecke
- Aufbauhöhe (ein- oder mehrgeschossiger Stand)
- Bewegliche Aufbauten, z. B. auch bewegliche Displays
- Farbgebung/CI/designerische Gestaltung
- Einsatz akustischer Werbemittel
- Sind Aktions- oder Publikumsflächen in der Nähe (mehr Laufpublikum, aber auch mehr Lärm)?
- Aktionen am Stand: Material
- Reihen- und Tischbestuhlung größeren Umfangs (z. B. für Vorträge usw.)
- Sicherheit? Gasflaschen, brennbare Flüssigkeiten, Ölfeuerungen, elektrische Kochplatten etc.
- Sind alle technischen Anschlüsse bzw. Anschlussmöglichkeiten vorhanden und funktionieren sie auch?
- Mikrofonanlage?
- Sicherheits-/Schließdienst/Standbewachung (Computer, Displays, Monitore etc.)?
- Standplatz ansehen und erläutern lassen, z. B. technische Anschlüsse, Besucherstrom
- Lageplan vorhanden? Sind alle wichtigen Maße lesbar?
- Kommen die Anschlüsse aus dem Boden, aus der Säule oder von der Decke?
- Zufahrten und Tore zum Stand überprüfen
- Könnte es Schwierigkeiten mit der Exponat- oder Infomaterial-Anlieferung geben?
- Nachhaken bei Messeleitung, ob bei der Standarchitektur oder bei technischen Anschlüssen Abstimmung bzw. Koordination mit Nachbarn erforderlich ist
- Sind genügend Getränke und Nahrungsmittel am Stand, wo werden sie gelagert und gegebenenfalls gekühlt?

Sehr wichtig ist natürlich die Frage, wer den Stand und damit Ihre potenziellen Interessenten und Kunden betreuen wird. Das sind Ihre Repräsentanten nach außen, die wichtigsten Kommunikatoren. Die Auswahl des Standpersonals treffen Sie nach den Kompetenzen:

Auswahl des Standpersonals

- Kontaktfähigkeit
- Serviceorientierung
- Kenntnis der eigenen Organisation, Dienstleistungen, Produkte
- Verhandlungsgeschick
- Marktkenntnis
- Zielkunden-Kenntnis
- Fremdsprachenkenntnisse
- Belastbarkeit

Am Vorabend der Messeeröffnung sorgen Sie dafür, dass alle Mitarbeiter, die sich am Stand aufhalten werden (einschließlich eventueller externer Dienstleister), alle nötigen Informationen erhalten.

STANDPERSONAL

- Messeziele
- Aufgabenverteilung
- Vorstellung der Standleitung
- Bekanntmachen miteinander (Eigen- und Fremdpersonal)
- Produktpräsentation
- Demo-Plätze
- Einteilung des Standdienstes
- Pausen und Messerundgang
- Führung der Anwesenheitslisten
- Verlassen des Standes
- Betreuung der Besucher, Bewirtungsangebot

CHECKLISTE

- Aktionen am Stand während der Messe
- Verteilung von Infomaterial
- Telefonbenutzung
- Kabinenplan: Küche, Lager
- Namensschilder
- Kleidungsstil
- Visitenkarten
- Hinweise auf Hallenmeister, Hallen- und Standnummer, Telefon, Anschrift
- Kontakt zur Messegesellschaft
- Kontakt zum Heimatbüro und der Firma (Ansprechpartner)

2.6.4 MESSE NACHBEREITEN

Die Nachbereitung teilt sich in drei große Aufgabenbereiche:

1. Abarbeitung der Leads
2. Evaluation
3. Benchmarking

Abarbeitung der Leads

1. Abarbeitung der Leads heißt nichts anderes als: Melden Sie sich innerhalb von drei Tagen nach Messeende bei allen Interessenten und Kunden, die Sie auf der Messe besucht haben. Versenden Sie mindestens in dieser Zeit zugesagte Informationsmaterialien oder einen netten Brief, in dem Sie sich auf die Fragen oder Gespräche der Messe beziehen. Reservieren Sie sich jetzt jeden Tag eine gewisse Zeitspanne, z. B. zwei Stunden, für das Nachtelefonieren der Kontakte. Bereiten Sie sich auf jedes Telefonat vor:

- Welchen Aufhänger (Messebezug) können Sie wählen?
- Welche Fragen hatte der Interessent noch an Sie, welchen Service können Sie ihm anbieten?

- Ist Ihnen dieser Kontakt als möglicher Kunde wichtig? Wie bauen Sie dann Ihre Akquisestrategie auf und lassen sie im Telefonat anlaufen?
- Ist Ihnen dieser Kontakt möglicherweise als Empfehlungsgeber oder Netzwerkpartner wichtig? Wie kommen Sie dann zu einer konkreten Win-win-Situation ... und lassen den Kontakt nicht einfach schwammig im *»wir können ja einmal ... wenn Sie mal wieder in der Stadt sind ...«* versanden.
- Versenden Sie gegebenenfalls nach dem Telefonat noch eine kurze nette E-Mail an den Kontakt, in der Sie der guten Ordnung halber festhalten, was Sie beide für die Zukunft besprochen haben. Oder dass Sie vereinbarungsgemäß diese und jene Information senden oder ein Angebot oder ein Konzept erarbeiten werden.

Tragen Sie alle Daten und berufliche wie private Informationen, die Sie zusätzlich noch über den Interessenten oder Kunden von der Messe im Kopf haben, jetzt unverzüglich in Ihre Kundendatenbank oder Ihr CRM-System ein. Was Sie jetzt verschieben, bleibt aller Erfahrung nach liegen und wird nie nachgetragen. Das sind aber alles verschenkte Warmkontakte.

2. Evaluation: Nehmen Sie sich die Zeit dafür, die Messe anhand der vorher definierten Ziele und Erwartungen zu evaluieren. Es macht überhaupt keinen Sinn, sich zu »beruhigen«, indem Sie die Augen vor Zahlen verschließen. Sie müssen unbedingt so genau wie möglich wissen, was eine Messebeteiligung Ihnen materiell wie immateriell (Networking, Kontakte, eigener Informationsgewinn) gebracht hat.

3. Nur dann können Sie im Rahmen des **Benchmarkings** genau sehen, welche Messen, Stände, Aktionen sich lohnen, was Sie

verbessern oder auf welche anderen Medien im Mix oder andere Messen oder andere Kooperationspartner Sie nächstes Mal setzen können.

2.6.5 AKQUISITORISCHER MESSEBESUCH

Akquisitorischer Messebesuch

Gerade Marktneulingen oder Messeneulingen kann man auch raten, sich die Messestands- und -organisationskosten zunächst (noch) zu sparen und lieber einen »akquisitorischen Messebesuch« zu machen. Und das geht so:

1. Informieren Sie sich im Internet oder den Messeunterlagen über Aussteller, die Sie als Kunde oder Kooperationspartner interessieren können.
2. Machen Sie gegebenenfalls im Vorhinein Gesprächstermine mit Ausstellern oder möglichen Kooperationspartnern aus, die Sie über Ihr Anliegen aufklären.
3. Präparieren Sie sich gut mit Visitenkarten, Infobögen, Arbeitsporträts (Best-Practice-Stories), Referenzlisten, Broschüren oder Dienstleistungsportfolios.
4. Nutzen Sie die Messe nun gezielt zur Abarbeitung der vorher abgesprochenen Akquisitionskontakte.
5. Halten Sie die Augen offen, wer sich noch für Ihre Dienstleistung interessieren könnte.
6. Gehen Sie z. B. auf Messe-, Kongress- oder Diskussionsteilnehmer, die im Plenum Fragen stellen, nach einer Diskussion zu, greifen Sie die Frage auf und überreichen Sie Ihre Informationsmaterialien dabei. Nehmen Sie die Visitenkarte, die Ihnen sicher angeboten wird.
7. Nutzen Sie das Networking auf einer Messe – selbst am Getränkestand – dazu, interessanten Kontakten Ihre Informationsmaterialien zu übergeben. Auch hier sammeln Sie Visitenkarten.

Manche »Akquisitionsgenies« treiben diese Messebesuche so weit, dass sie am Stand ihrer Wettbewerber mögliche Interessenten abfangen und sie in Gespräche verwickeln wollen. Das ist schlechter Stil – und Unkollegialität spricht sich auch in der Branche herum. Das ist kein gutes Akquisitionsmerkmal.

2.6.6 FACHFOREN UND »SONDERFORMEN«

Neben Messen (mit begleitenden Kongressen) etablieren sich momentan noch eine Reihe von »Sonderformen-Anbieter«. Diese haben sich auf das Angebot akquisitionsunterstützender Fach- und Kommunikationsforen spezialisiert.

»Sonderformen-Anbieter«

Es gibt dabei verschiedene Modelle, doch beruhen sie im Allgemeinen darauf, dass der Anbieter für die Anwesenheit von Entscheidern, Personalentwicklern und Führungskräften mit Nachfrageinteresse sorgt und Sie als Bildungsanbieter gegen Gebühr in irgendeiner Form mit diesen Interessenten in vororganisierten Gesprächen in Kontakt gebracht werden.

Dies kann so aussehen, dass Sie vor einem Plenum vortragen oder präsentieren können. Oder aber Nachfrager und Anbieter werden im Voraus mit einem Katalog an allen Informationen versehen und können sich aus diesem Katalog die interessantesten Gesprächspartner heraussuchen. Zwischen diesen vereinbart der Veranstalter dann Gesprächstermine, oft bis zu einem Dutzend am Tag. Das ist natürlich die Möglichkeit zur Power-Akquise – weil beide Seiten wissen, worum es geht. Blümchen braucht man darum nicht zu streuen …

Auch bei diesen vororganisierten Gesprächen hängt alles von der guten Vorbereitung sowie Ihrer professionellen Gesprächsführung und präzisen Selbstdarstellung ab. Und natürlich von Ihrem Akquisewillen, dem Gespür, einem Interessenten in kurzer Zeit zu vermitteln, was Sie ihm Besonderes bieten können, warum er Sie wieder treffen soll. Bereiten Sie sich daher auf diese »speed-dates« so sorgfältig vor wie auf einen Besuch bei einem Kunden.

VORTEILE:	NACHTEILE:
■ Organisationsaufwand wird extern übernommen	■ Begrenztes Publikum
■ Straffe Organisation, wenig Leerlauf	■ Bei der Auswahl der möglichen Gesprächspartner ist man auf die Emsigkeit und das Marketinggeschick der Foren-Anbieter angewiesen
■ Akquiseinteresse ist beiden Seiten klar	
■ Nachfrager werden vom Anbieter eingeladen und zusammengeführt	■ Diese Form ist nur für wirklich kommunikative, akquisitorisch aufgeschlossene Trainer und Berater geeignet, da sie sich in kurzer Zeit sehr intensiv einer Reihe von Interessenten vorstellen – und auch in kurzer Zeit geballte Information abfragen und verarbeiten müssen
■ Ausgezeichnete Vor-Informationslage auf beiden Seiten	

3. HEBEL ZUR AKQUISITIONS-VERSTÄRKUNG

In diesem Kapitel betrachten wir gemeinsam alle »Systeme mit Hebelwirkung« für Ihre Akquise: Das sind alle diese, die Ihre Inhalte, Werbe- und Angebotsmaßnahmen über verschiedene Wege multiplizieren und einem größeren Zielpublikum zur Verfügung stellen, als Sie es selbst erreichen könnten. Das geschieht immer dann, wenn Sie multiplizierbare Inhalte und Angebote über Distributionsplattformen einem zwar großen und von Ihnen nicht unbedingt persönlich erreichbaren, doch homogenen Zielpublikum mit gleichem Erkenntnisinteresse anbieten.

3.1 VERBÄNDE & MITGLIEDSCHAFTEN

Die Mitgliedschaft in einem Verband für Trainer, Berater oder Coachs ist im engeren Sinne keiner direkten Akquisitionsstrategie zuzuordnen. Anders sieht es da schon aus, wenn Sie Mitglied in einem Verband Ihrer Zielgruppe werden können oder dies durch eine ehemalige Tätigkeit innerhalb einer bestimmten Branche noch sind. In bestimmten Konstellationen kann jedoch auch die Mitgliedschaft in einem Berufsverband Ihres Berufszweiges für die unmittelbaren, mindestens jedoch für Ihre mittelbaren Akquisitionsbemühungen hilfreich sein.

Mitgliedschaft in einem Verband

3.1.1 VERBÄNDE IHRER ZIELGRUPPE

Dass eine Mitgliedschaft in einem Verband oder in einer Organisation erfolgversprechend für Sie sein kann, das liegt auf der

Hand. Dort sind Ihre Kunden organisiert, dort gibt es in der Regel regelmäßige Veranstaltungen und Publikationen. Dort treffen Sie Ihre potenziellen Kunden.

Das bedeutet für Sie: Wenn Sie aufgrund Ihrer bisherigen Tätigkeit noch in einem solchen Verband Mitglied sind, kündigen Sie diese Mitgliedschaft nicht übereilt. Es ist nicht selbstverständlich, als Externer in einer solchen Organisation aufgenommen zu werden. Aber auch ohne eine Mitgliedschaft in einem solchen Verband kann selbiger Ihnen eine akquisitorische Plattform bieten, indem Sie:

- Sich als Redner für Veranstaltungen anbieten
- Sich als Autor in Verbandspublikationen beteiligen

- Sich als Werbender in den Publikationen der Organisation anbieten. Die meisten Verbände haben eigene Verbandszeitungen, welche an die Mitglieder geschickt werden.
- Networking auch bei Kollegen betreiben
- Networking funktioniert nicht nur mit potenziellen Kunden, auch ein gutes Networking zu Kollegen kann Aufträge bringen.

Auf diese Weise kommunizieren Sie direkt mit Ihrer Zielgruppe und haben den Vorteil, kaum Streuverluste Ihrer Aktivitäten zu befürchten.

An dieser Stelle haben wir darauf verzichtet, alle Verbände und Organisationen, die für Sie innerhalb Ihrer Zielgruppe wichtig sind, aufzuführen. So hätten wir zwar schnell eine Reihe von Seiten gefüllt, könnten jedoch nie alle Organisationen nennen. Anders sieht das bei den für Trainer, Berater und Coachs nützlichen Organisationen aus.

3.1.2 VERBÄNDE FÜR TRAINER, BERATER UND COACHS

Welchen Nutzen kann für Sie die Mitgliedschaft in einem Berufsverband für Trainer, Berater oder Coachs haben? Diese Frage
lässt sich sehr leicht beantworten, wenn sich die Zielgruppe für
Ihre Dienstleistung auch unter Ihren Kollegen befindet. Dann
gilt im Grunde analog zu dem vorangegangenen Kapitel, dass
Sie diese Organisation für direkte Akquisitionsbemühungen nutzen können.

Die meisten Leser unter Ihnen werden jedoch zu einem großen
oder ausschließlichen Teil Ihre Kunden eben nicht aus dem Bereich Ihrer Kollegen rekrutieren. Lohnt sich dann ein solcher
Verband dennoch als Akquisitionsmedium? Klare Antwort: ja.

Die nächsten Kapitel gehen auf die Bereiche des Netzwerkens **Plattform für**
und die Bemühungen um Vertriebskooperationen ein. Ohne jetzt **Netzwerk-**
schon dem Netzwerkgedanken vorzugreifen, sei angemerkt, dass **aktivitäten**
ein Verband eine hervorragende Plattform für Netzwerkaktivitä-
ten bietet. Sie und Ihre Kollegen werden immer wieder in Situationen kommen, in denen Sie einen Auftrag aufgrund des Um-
fanges oder der Thematik nicht durchführen können. Wenn Sie
sich in den letzten Monaten einen Namen auch unter Ihren Kollegen zu einem bestimmten Thema gemacht haben, dann kommt
eben dieser Kollege mit seiner Überkapazität genau jetzt auf Sie
zu.

Daher:
- Unterschätzen Sie niemals die Beziehung zu Ihren Kollegen.
  Es könnten in Zukunft Auftraggeber für Sie sein.
- Verbergen Sie nicht Ihr gesamtes Know-how vor Ihren
  Kollegen. Diese erfahren sonst nie, mit welchem Thema man
  sich an Sie wenden kann.
- Umgekehrt könnten Sie auf das Know-how Ihrer Kollegen
  zurückgreifen, wenn ein Kunde ein Thema nachfragt,

welches Sie nicht abdecken können. Und bevor Sie den Kunden an einen fremden Mitbewerber verlieren, ist es besser, einen Kollegen mit einem sauberen Vertrag zwischen Ihnen beiden anzubieten.

Veranstaltungen für Endkunden Bestimmte Verbände richten auch Veranstaltungen für Ihre Endkunden aus. Kennt man im Verband Ihre Kernkompetenz, dann stehen Sie als Nächster auf der Bühne und halten einen Vortrag zu dem Thema, auf welches Sie spezialisiert sind. Redakteure gehen zudem oft auf Verbände zu, wenn sie bestimmte Themen recherchieren. Wird diese Organisation Sie als Ansprechpartner nennen?

Verbände als »Gatekeeper«

Zugangs-beschränkung Letztlich sei noch angemerkt, dass bestimmte Verbände, welche auf eine sehr restriktive Zugangsbeschränkung setzen und diese auch an Ihre Zielgruppe kommunizieren, einen großen mittelbaren Akquisitionsnutzen haben können. Nämlich genau dann, wenn Ihre Kunden Ihnen eine bestimmte Kompetenz- und Qualitätsvermutung sozusagen als Vorschusslorbeeren zugestehen.

3.2 NETWORKING

Networking – abgefahren oder abgedroschen? Es gibt Stimmen, die behaupten, Networking ist schon wieder out. Das Gegenteil ist der Fall. Networking ist nichts Neues und ist entgegen anderer Meinung niemals out. Networking ist so alt, wie Menschen miteinander in Kontakt treten, und ein weiterer Baustein in einem strategischen Akquisekonzept für Trainer.

3.2.1 NETZWERKEN – EINE MODEERSCHEINUNG?

In Köln nennt man diese angeblich neue Modeerscheinung schon von jeher schlicht und einfach »*Kölscher Klüngel*« und im Rest der Republik »*Vitamin B*«. Das liest sich jetzt natürlich nicht so schön wie Networking, und dem Begriff »Klüngel« hängt zudem etwas Negatives an. Aber was ist Networking genau? Ist es wirklich nur eine Modeerscheinung? Und: Bringt das Beherrschen von Networking Akquisitionserfolg? Kurz: ja! Aber nur, wenn Sie es auch richtig machen!

Übrigens: Eine Untersuchung von IBM hat gezeigt, dass Beförderungen zu 60 % aufgrund des Bekanntheitsgrades erfolgen. Nur 10 % der Beförderungen lassen sich auf das Engagement, also die Leistung des Einzelnen, zurückführen. Die verbleibenden 30 % beruhen auf der eigenen Selbstdarstellung. Dieses Untersuchungsergebnis zeigt, wie wichtig Kontakte und der eigene Bekanntheitsgrad sind. Diese Aussage lässt sich auch auf die Akquise und das Empfehlungsgeschäft übertragen. Empfehlen – und darüber konnten Sie ja schon einiges lesen – kann jemand Sie nur, wenn er Ihre Leistung kennt. Und dazu muss er Sie zunächst kennenlernen!

3.2.2 NETWORKING UND AKQUISITION

NETWORKING

ist eine Form, neue Kontakte zu knüpfen. Es ist die Erweiterung der eigenen Kontakte. Das ist wichtig in dieser Definition, denn es geht in einem ersten Schritt um Kontakte. Nicht um direkte und unmittelbare Aufträge. An dieser Stelle scheitern schon viele der Networking-Willigen, wenn Sie auf Veranstaltungen versuchen, Verkaufsgespräche zu führen.

Gerade Trainern, Beratern und Dienstleistern wirft man leider oft vor, genau so auf Networking-Veranstaltungen aufzutreten: als Verkäufer. Wenn dann noch die Mentalität des »*mehr Nehmens als Gebens*« dazukommt, ist es mit der Freude am Netzwerk oft ganz vorbei.

Networking ist zunächst: Geben.

Wenn Sie etwas in ein Netzwerk hineingeben und dabei Ihrem »Kontakt« direkt das Gefühl vermitteln, dass Sie nun einen zumindest ähnlichen Gegenwert als Kompensation erwarten, genau dann haben Sie aus Sicht Ihres Kontaktes ein Verkaufsgespräch geführt.

Ein Netzwerk besteht nicht nur aus zwei Knotenpunkten, also aus Ihnen und Ihrem neuen Kontakt. Ein Netzwerk verfügt über viele Knotenpunkte.

Geben Sie regelmäßig Sinnvolles, Hilfreiches und inhaltlich Wertvolles in ein Netzwerk hinein, so bekommen Sie mit der Zeit und nach dem Gesetz der großen Zahl auch etwas aus diesem Netzwerk heraus. Und meist von einem anderen Kontakt als jenem, dem Sie etwas gegeben haben. Warum das so ist, sehen Sie im nachfolgenden Beispiel.

BEISPIEL

Sie lernen jemanden kennen und erfahren von demjenigen, dass er eine Information sucht oder eine Dienstleistung benötigt. Sie kennen jemanden Drittes, welcher genau die Information hat. Networking bedeutet, diese beiden Menschen zusammenzubringen. Und am besten noch – so schwer es auch fällt –, ohne direkt einen Kooperations- oder Provisionsvertrag zu schließen.

Eine weitere wichtige Vorgehensweise im Networking ist die Vermittlung von Kontakten zwischen Dritten und nicht nur die Erweiterung der eigenen Kontakte.

Vermittlung von Kontakten

Online-Networking-Plattformen, wie zum Beispiel openBC (siehe Anhang), beherrschen unter anderem genau diese Funktion. In openBC können Sie nicht nur eigene Kontakte knüpfen, Sie können auch zwei Mitglieder in Kontakt bringen.

Und vielleicht stellt auch Ihnen jemand einen Kontakt vor, von dem er weiß, dass dieser Kontakt eine Leistung sucht, die Sie anbieten. Nun ist es nur noch von Ihrem akquisitorischen Geschick abhängig, dass daraus ein Geschäftserfolg wird.

3.2.3 NETWORKING BETREIBEN

Generell netzwerken wir unser ganzes Leben. Ständig und überall. Im Grunde braucht es dazu keine eigens eingerichtete institutionelle Plattform. Dennoch gibt es in Deutschland zunehmend mehr Veranstaltungsformen, die das Netzwerken einfacher machen wollen.

Unterscheiden kann man Netzwerke in

- **Informelle Netzwerke**
  also persönliche und freundschaftliche Kontakte, die von gegenseitigen Hilfestellungen leben. Für längerfristige Karrierestrategien sind diese äußerst wichtig und sie leben nahezu ausschließlich vom persönlichen Engagement.

Informelle Netzwerke

**Institutionelle
Netzwerke**

- **Institutionelle Netzwerke**
  also Firmen, Vereine, Verbände und Organisationen.

**Fachliche
Netzwerke**

- **Fachliche Netzwerke**
  zum Beispiel Berufsverbände.

Zudem werden Sie auf Netzwerke treffen, in denen Sie Gleichgesinnte oder potenzielle Kunden treffen. Aber denken Sie daran: Es geht nicht darum, unbedingt Ihren unmittelbaren Kunden zu treffen. Daher können Sie auch in Netzwerken, in denen Sie eher Gleichgesinnte treffen, wertvolle Kontakte knüpfen.

Online-Plattformen

Zu guter Letzt gibt es auch immer mehr Onlineplattformen, die Netzwerken ermöglichen sollen. Interessanterweise werden diese Plattformen aber in der Regel durch regionale persönliche Treffen in kommunikativer Runde belebt, heute auch gerne »Offlinetreffen« genannt.

3.2.4 DER NETWORKING-KNIGGE

Damit der nächste Networking-Event ein voller Erfolg wird, hier ein paar Regeln:

DIE DOS

■ Seien Sie neugierig. Erzählen Sie nicht nur von und über sich selber. Nichts ist schlimmer, als Ihren Gesprächspartner mit Informationen über die eigene Person zu überhäufen, ihm im Gegenzug aber keine einzige Frage zu stellen. Neugierde ist ein wichtiger Faktor beim Networking!

■ Hören Sie zu, wenn man sich mit Ihnen unterhält. Aktives Zuhören vermeidet peinliche Situationen, weil Sie eine Frage stellen, die schon beantwortet wurde, weil Sie etwas erzählen, über das schon gesprochen wurde.

■ Seien Sie pünktlich zu Beginn der Veranstaltung anwesend.

■ Reden Sie Ihre Gesprächspartner mit Namen an.

■ Sparen Sie nicht mit Ihren Visitenkarten – selektives Verteilen zeigt, dass es Ihnen mal wieder auf den richtigen Gesprächspartner ankommt.

■ Reden Sie nicht nur über das Business!

DIE DON'TS

■ Halten Sie sich nicht für die wichtigste Person in einem Netzwerk.

■ Breiten Sie nicht direkt Ihre gesamte Leistungspalette, Ihre Erfolge (mein Auto, mein Boot, meine Geliebte) vor Ihren Gesprächspartnern aus. Angeberei ist nicht willkommen.

■ Tratschen Sie nicht über andere Kontakte und plaudern Sie keine Informationen aus. Wer weiß, in welchem Verhältnis Ihr Gesprächspartner zu diesem Kontakt steht.

■ Drängen Sie sich niemandem auf.

■ Halten Sie Versprechen ein

> **Wenn Sie einen Kontakt, eine Empfehlung im Rahmen des Networking bekommen haben, dann erwartet der Geber in der Regel ein Feedback!**

Wenn Sie all diese Empfehlungen beherzigen und noch ein wenig Zeit und Geduld mitbringen, dann ist Networking der reinste Akquisemotor, und zwar mit Turbo!

3.3 VORTRÄGE: KOMMUNIKATION DES EXPERTENSTATUS

Sie haben in den ersten Kapiteln herausgearbeitet, was Sie ausmacht, was Sie Besonderes können, was Ihr USP »der Welt bringt«, worin Sie sich gut, sicher und »heimisch« fühlen. Sie haben was zu sagen: TUN Sie es!

Redner oder Vortragender

Auf Kongressen, Veranstaltungen und Messen gibt es eine Vielzahl von Möglichkeiten, als Redner oder Vortragender aufzutreten. Das unterscheidet sich natürlich von Ihrer Rolle und Funktion als Trainer oder Bildungsanbieter. Ja, das ist zunächst vielleicht eine Herausforderung. Aber eine, die Ihnen auch große Glücksmomente verschafft, wenn Sie sehen, wie Sie Ihr Publikum fesseln können. Eine, die dafür sorgt, dass der Markt schnell(er) und positiv auf Sie aufmerksam wird. Die Ihren Bekanntheitsgrad und Ihren Marktwert steigern wird, eine, die Ihnen ungeahnten Zugang zu Kontakten, Interessenten, Netzwerken verschafft. Das ist quasi ein Selbstläufer!

What you see is what you get – das muss für Ihre Vortragstätigkeit in besonderem Maße gelten: Entscheidend ist, dass Sie sich mit Ihrem Expertenthema auch als Vortragsrednerin oder

Referent positionieren. Hier wäre eine Verzettelung fatal, denn es muss klar werden, wofür Sie stehen, was Ihr Thema ist, wofür Sie Experte sind, was der Markt so noch nicht kennt.

Daraus wird schon deutlich, dass es unterschiedliche Möglichkeiten gibt, sich mit Vorträgen zu positionieren:

- Kongresse
- Fachmessen
- Workshops
- Kooperationsveranstaltungen
- Vereinigungen und Verbände
- Award-Verleihungen und soziale Events
- Eigene Vortragsveranstaltungen
- Online-Kongress-Foren

Kongresse und Fachmessen

Kongresse und Messen hängen häufig, aber nicht zwingend, zusammen. Wichtig ist, dass Sie den Kongressveranstalter möglichst früh mit Ihrem Themenvorschlag kontaktieren. Da dieser zum Konzept und Hauptthema des Kongresses passen muss, informieren Sie sich zuvor darüber und entwickeln Sie dann ein Thema, das zum Kongress – aber auch zu Ihrer Expertenpositionierung – passt.

Konzept des Kongresses

Öfter ist die Vergabe von Vorträgen oder Referaten in Workshops oder auf Kongressen (offen oder verdeckt) an die Teilnahme als Messeaussteller gebunden. Informieren Sie sich über die Konditionen – notfalls bei Referenten oder Speakern früherer Kongresse, die haben es ja auch dorthin geschafft.

Wenn Sie sich bereits sehr gut auf dem Markt positioniert haben, wird man Sie evtl. sogar einladen, da Sie dem Kongress ein inhaltliches Highlight setzen können.

Best-Practice-Stories Sehr probat ist zudem die Teilnahme als Speaker oder Referent zusammen mit einem Kunden, der als Aussteller vielleicht gute Verhandlungsmöglichkeiten hat. Da einige Kongresse in der Vergangenheit zu reinen Produktshows der Aussteller mutiert sind, was den Unmut der zahlenden Kongressteilnehmer hervorgerufen hat, setzen Veranstalter zunehmend wieder auf inhaltlich wertvolle Konzepte mit hohem Informations- und geringem Werbegehalt. Insofern sind kritische Ansätze und gewagte Thesen oft ebenso willkommen wie hervorragende Best-Practice-Stories, die von Trainer oder Berater am Kundenbeispiel gebracht werden und die auch Schwierigkeiten und deren Lösungswege thematisieren.

> **Kongressvorträge sind ein exzellentes Akquisemittel – und dienen nicht nur der öffentlichen Experten-Positionierung. Also versuchen Sie, dort auf einem Kongress aufzutreten, wo Ihre wirklichen Käufer sitzen. Wie bereits ausgeführt, können das viel öfter Branchen- und Fachkongresse als Weiterbildungskongresse sein. Die meisten fachlichen Themen werden nicht von Personalentwicklern gebucht, sondern von Fachverantwortlichen und Geschäftsführern. Diese gehen wiederum nicht zu einem Trainerkongress. Und Ihre Branchenkompetenz kann ein deutlicher Wettbewerbsvorteil sein.**

Workshops und Kooperationsveranstaltungen

Gerade wenn Sie sich als Neuling mit Vorträgen auf dem Markt positionieren wollen, prüfen Sie die Möglichkeit, bei Ihren Netzwerkpartnern im Rahmen von Workshops, längeren offenen Seminarveranstaltungen, Kooperationsbörsen, Vortragsreihen etc. mit Ihrem Thema auftreten zu können. Dafür werden Sie tendenziell wenig Geld erhalten, aber

Auftritt über Netzwerkpartner

- Sicherheit im Auftritt
- Optimierungsmöglichkeiten für Ihren Vortrag durch aktives Feedback
- Gute Kontakte zum Publikum und daraus folgend Akquisemöglichkeiten

Was viele Trainer und Beraterinnen leider verabsäumen, ist, auch diese »kleinen Expertenbeweise« planmäßig für ihre Außenkommunikation zu nutzen. Achten Sie darauf, dass Ihre Kooperationspartner hochwertige Programme erstellen – und dass Sie mit einem vorteilhaften Foto und einer aussagekräftigen Expertenbeschreibung (Porträt) dort vertreten sind. Legen Sie sich ein kleines Archiv von diesen Medien an, denn es gibt Ihnen argumentative Schützenhilfe, wenn Sie sich bei einem großen Vortragsreihen- oder Seminaranbieter mit Ihrem Vortrag oder Ihrem Thema vorstellen wollen. Stellen Sie diese Programme auch ins Archiv Ihrer Website für alle zugänglich ein. So zementieren Sie Ihren Expertenstatus.

Sammeln Sie besonders sorgfältig das Feedback Ihrer ersten Zuhörer ein. Sie können sich damit nur verbessern. Stellen Sie sich eventueller Kritik und lernen Sie möglichst schnell daraus. Höflicher Applaus ist vor allem eines: höflich. Und noch keine gute Basis für Ihre Redner-Karriere – Sie sollten schon Begeisterung erzeugen können.

Vereinigungen, Verbände, Events

Sehr häufig stellen wir fest, dass Trainerinnen und Berater, aber auch Experten aus Bildungsinstitutionen nicht mit ihren durchaus guten Themen in der Öffentlichkeit als Redner auftauchen, weil sie sich scheuen, den Veranstalter anzusprechen.

Denken Sie einmal quer – das können Sie doch gut! Da fallen Ihnen sicher eine ganze Reihe von Kommunikationsforen ein, denen Sie einfach mal vorschlagen könnten, ob sie ihr Programm nicht durch einen tollen Weiterbildungsvortrag abrunden oder aufwerten wollen.

Viele Veranstalter suchen händeringend nach guten Ideen und neuen Programmpunkten. Es gibt so viele Verbände und Vereinigungen (Wirtschaft, Branchen, Kultur, Politik, Interessengemeinschaften …) außerhalb der Weiterbildungsszene, so viele Events mit hochkarätigem Publikum. Da kann ein interessant und eloquent vorgetragenes Expertenthema ein sehr willkommener Beitrag sein.

Machen Sie – falls Sie Kunden im Bereich der offenen Seminare oder für spezifische Themen suchen – doch einmal Ihrer lokalen Zeitung oder Medienanstalt das Angebot, einen Mehrwertdienst für deren Leser oder Hörer zu entwickeln. Dies könnten beispielsweise Unternehmerabende mit Referenten aus der lokalen Politik und Wirtschaft und ein Vortrag von Ihnen (oder Ihren Kooperationspartnern) sein. Damit bündeln Sie nicht nur die Energien von lokaler Presse, Wirtschaft und / oder Politik, sondern auch die Akquiseplattformen. Und liefern echten Mehrwert.

Eigene Vortragsveranstaltungen

Fühlen Sie sich bereits sicher als Vortragende oder Referent in Ihrem Thema, spricht wenig dagegen, dass Sie eigene Veranstaltungen anbieten, Plattformen, auf denen Sie wiederum Ihre Kooperationspartner oder Referenten zum passenden Thema zu Wort kommen lassen. Selbstverständlich planen Sie diese nach betriebswirtschaftlichen Kriterien, Sie wollen ja kein Geld verlieren. Doch berücksichtigen Sie dabei auch den Werbe- und Akquisitionseffekt und quantifizieren Sie diesen als Werbeeinsatz.

Eigene Veranstaltungen

Online-Kongress-Foren

Hierunter fassen wir hier alle die neuen virtuellen Vortragsforen, die sich in letzter Zeit herausgebildet haben und sich momentan durchaus als Plattformen festigen. Das können Onlinemessen wie Personal-expo.de oder E-learning-expo.de sein, in deren virtuellen Kongressen und Themenarchiven Sie Ihre Vortragsunterlagen, Ihre Referate einstellen und anbieten können. Es können auch Expertenwebs und Antwortforen sein, in denen Teilnehmer / Kunden / Interessenten Anfragen stellen und in denen Sie sich mit Ihrem Expertenwissen positionieren können.

Expertenwebs und Antwortforen

Das ist ein noch junger Markt – und Sie werden vielleicht erst auf die lange Frist damit richtige Akquise betreiben können. Doch sind diese Foren oftmals auf Branchen zugeschnitten, und so können Sie sich dort durchaus als Experte für spezifische Fragen positionieren, und selbstverständlich entwickeln sich daraus auch Beratungs- und Trainingsaufträge.

> **Prüfen Sie die unterschiedlichen Möglichkeiten, die wir hier aufgelistet haben, genau nach ihrem Erfolgswert für sich selbst. Suchen Sie sich nur eine oder höchstens zwei Ansätze heraus, damit Sie sich nicht verzetteln. Beispielsweise benötigen auch Onlineexpertenforen einigen Zeitaufwand, wenn Sie sich dort gut darstellen wollen. Also gilt auch hier – wie immer: Konzentrieren Sie Ihre Kräfte auf den »längsten Hebel«.**

Und noch eine Anmerkung zum Schluss: Sie müssen mit Ihrem Expertenwissen nach der Erfahrung als Kongressspeaker oder Vortragende zwar kein Buch schreiben oder an PR-Arbeit denken – Sie können es aber. Jedes gedruckte Wort wird Ihren Expertenstatus weiter ausbauen, wird mehr Menschen auf Sie und Ihr Thema aufmerksam werden lassen, wird Ihr Netzwerk ausbauen und Ihren Marktwert stärken.

3.4 KUNDENVERANSTALTUNGEN

Kunden-
veranstaltungen

Eines vorweg: Kundenveranstaltungen sind, wenn sie professionell aufgezogen werden, sicherlich nicht das preiswerteste Akquise-Instrument. Und dabei geht es nicht nur um Ihr Geld. Auch den zeitlichen Aufwand einer solchen Veranstaltung sollten Sie nicht unterschätzen.

Kundenbindungs-
instrument

Aber nun zu der guten Seite von Kundenveranstaltungen: Es lohnt sich! Und im Gegensatz zu einem Messeauftritt, bei dem Gäste auch einfach mal so vorbeischlendern, kommen zu Ihrer Kundenveranstaltung in der Regel interessierte Menschen. Eine Kundenveranstaltung ist kein ausschließliches Akquiseinstrument für neue Aufträge. Weder bei bestehenden Kunden noch bei potenziellen Neukunden. Professionell und regelmäßig aufgezogene Kundenveranstaltungen sind ein perfektes Kundenbindungsinstrument. Es gibt Kunden, die sich förmlich um Veranstaltungen bestimmter Dienstleister reißen, weil diese sich nach einiger Zeit etabliert haben.

Auch wenn Sie keinen Eintrittsbeitrag von Ihren Kunden nehmen oder nur einen sehr geringen Obolus erheben, erwarten Ihre Teilnehmer in der heutigen Zeit eine professionelle Veranstaltung. Als Gegenleistung hierfür stehen auf der Kundenseite Interesse und Treue. Auf diese Weise haben Sie mit einer Kundenveranstaltung ein perfektes Instrument für Ihr Beziehungsmanagement zum Kunden und damit zur Kundenbindung geschaffen.

Mögliche Elemente einer Kundenveranstaltung:

- Vorträge von Referenten
- Kleinere Workshops, in denen Sie den Teilnehmern Ihre Arbeit näher bringen
- Ausstellungen regionaler Künstler
- Reine Networking-Veranstaltungen
- After-Work-Party

Eine Kundenveranstaltung muss also nichts mit Training, Beratung und Coaching zu tun haben, sie kann lediglich dem Austausch untereinander dienen.

Verkennen Sie nicht, dass eine Kundenveranstaltung, bei der Sie bestehende und potenzielle Kunden einladen, eine Empfehlungsveranstaltung ist. Potenzielle Kunden werden bei bestehenden Kunden die Qualität Ihrer Dienstleistung hinterfragen können!

Ihre Kunden wiederum berichten ungezwungen eben diesen potenziellen Kunden von Ihnen und Ihrer Arbeit bei sich im Unternehmen.

Freiraum für informellen Austausch

Wichtig ist, dass die Veranstaltung genügend Freiraum für den informellen Austausch untereinander bietet! Ein mögliches Programm sollte nicht die gesamte Zeit einer solchen Kundenveranstaltung einnehmen. Oft schwärmen Teilnehmer solcher Veranstaltungen vor allem über die Kontaktmöglichkeiten, die informellen Gespräche mit Gleichgesinnten und das nette Beisammensein. Unterschätzen Sie diese Effekte nicht, je mehr Programm Sie in eine Kundenveranstaltung integrieren, desto mehr verharren Ihre Gäste lediglich in der Konsumentenhaltung. Hierdurch wird der mögliche Nutzen, welcher auch in Netzwerken besteht, für Ihre Gäste eingeschränkt.

Büchertische

Selbstverständlich können Sie das »passive Angebot« auf solchen Kundenveranstaltungen auch um Büchertische, auf denen Sie Ihre Medien und die befreundeter Trainer oder von Vertriebspartnern anbieten, ergänzen. Wenn Sie diese unaufdringlich platzieren, werden sie als Informationsangebot genutzt werden – besonders natürlich von Teilnehmern außerhalb des engeren Trainingsumfeldes. Für diese ist das ein bequemer Zusatzdienst: Angebot zielgruppengenauer Weiterbildungsprodukte. Womit wir beim nächsten Thema sind, den Vertriebskooperationen.

3.5 VERTRIEBSKOOPERATIONEN

Was Freunde und befreundete Trainer ganz selbstverständlich füreinander tun, ist: gegenseitig ihr Geschäft bewerben. Das ist oft mehr als nur Empfehlungsmarketing. Und es lässt sich im größeren Stil auch institutionalisieren, denn der Vertrieb über Dritte kann ein sehr reizvoller Hebel zur Akquisitionsverstärkung sein.

Vertriebskooperationen sind immer dann besonders sinnvoll, wenn die gemeinsam von den Partnern gemachten Angebote für den Kunden wertvoller sind als das je einzelne Angebot,

Vertriebs-kooperationen

- weil sie »mehr Probleme für ihn lösen«
- weil sie sich umfassender um alles kümmern können
- weil sie beste Leistung aus einer Hand bieten, bei der der Kunde weiß, dass die Parts integral zusammenwirken.

Win-win-Modelle Vertriebskooperationen sind somit Win-win-Modelle zum Nutzen der Kunden, die den beiden Vertriebspartnern unkompliziert neue Kundenzugänge eröffnen und somit der Notwendigkeit der eigenen Akquisetätigkeit beim Neukunden entheben.

Es gibt eine ganze Reihe sehr gut funktionierender Vertriebskooperationen auf dem Trainings- und Weiterbildungsmarkt, und sie sind alle so unterschiedlich wie die Partner, die sich darin zusammengefunden haben. Schauen wir uns also nur einige Modelle an – was Sie daraus machen und wie Sie eine eventuelle Kooperation gestalten, hängt von Ihrem potenziellen Partner und dem zu erreichenden Kunden ab.

MODELLE MÖGLICHER VERTRIEBSKOOPERATIONEN

Vertrieb durch Dritte

1 Sie haben ein multiplizierbares Angebot, das Sie im direkten Vertrieb durch Dritte auch verkaufen können. Reizvoll ist dies, wenn Dritte einen anderen Zugang zu Ihrer Zielgruppe haben und sich Ihre Angebote ergänzen. Beispiele: Sie sind Experte im Bereich Soft-Skill-Training und haben eine Reihe von CBTs oder WBTs zum Thema entwickelt. Diese werden von einem Lernplattform-Anbieter mit angeboten, der seinen Kunden schöne Inhalte auf der Plattform zeigen und diese damit verkaufen will. Oder: Sie beraten einen Produzenten von Weiterbildungsmedien didaktisch-konzeptionell bei der Gestehung von Inhalten. Und dieser verkauft quasi eine Beratungslizenz von Ihnen mit.

Vertriebs-partnerschaften

2 Die beiden Vertriebspartner tauschen ihre Dienstleistung oder ihr Produkt oder die Lizenzen dafür aus und vertreiben sich quasi gegenseitig. Diese Vertriebspartnerschaft wird im Allgemeinen nach außen deutlich gemacht, dies ist aber nicht zwingend der Fall. Solche Partnerschaften sind nicht exklusiv, d.h., beide Partner können auch zusätzliche Dienstleistungen, Produkte, Ideen, Lizenzen etc. mit vertreiben.

3

Strategische Allianz

Beim Modell »strategische Allianz« schließt sich ein Partner exklusiv an einen meist größeren Partner an und vertreibt dessen Know-how oder Lizenzen mit. Der größere Partner schließt im Allgemeinen weitere Partnerschaften oder Allianzen ab. Beispielhaft kann man hier an große ERP-Anbieter, Software-Produzenten oder auch Systemverkäufer denken. Der Vorteil für den kleineren Partner besteht in einem schnellen Marktzutritt und einem gewissen Automatismus bei der Kundengewinnung, da diese an das Know-how des strategischen Partners angeschlossen bleiben müssen. Nachteil: Meist erfolgt ein »Ausstanzen« des restlichen Marktes, der aufgrund der Wettbewerbssituation der großen Player (Allianzpartner) für den Anbieter ausgeblendet bleiben wird.

3.6 SYSTEME, LIZENZEN UND FRANCHISE

Indirekter Vertrieb durch Dritte

Ein mächtiges Mittel zur Akquisitionsverstärkung schaffen Sie sich immer dann, wenn Sie reproduzierbare Inhalte schaffen. Inhalte einmal erstellen und mehrfach auswerten, als Buch, als Fachartikel, als Tippsammlung, als CBT (Computer-based Training), als WBT (Web-based Training), als Audiomitschnitt oder Hörbuch, als Videomitschnitt oder Studioproduktion, als O-Ton für den Hörfunk, als Newsbits für Internet-Portale – das ist im Cross-Media-Bereich ein erfolgreiches Marktkonzept. Umso mehr, wenn es gelingt, dass unterschiedliche Verkäufer diese Inhalte zu ihren Zielgruppen hin vertreiben. Gerade durch den indirekten Vertrieb durch Dritte wird eine enorme Hebelwirkung erreicht.

Reproduzierbare Inhalte können Sie gerade als Trainer oder Berater und sicher als Bildungsunternehmen schaffen. Dazu braucht es:

- Eine ganz klare Kernpositionierung
- Ein profundes und umfassendes Marketing
- Ein Full-Service-Paket an Leistungen nebst allen Dokumenten
- Ein Qualitätsmanagement- und Controlling-System

3.6.1 FRANCHISE- & LIZENZSYSTEME

Wenn ein Trainings- oder Beratungssystem zur Perfektion entwickelt wurde und seine Marktreife sowie Anwendbarkeit und Effizienz – meist über Jahre – bewiesen hat, dann kann es unter Akquisitionsgesichtspunkten sehr interessant sein, dieses System Dritten anzubieten, die

- Dafür eine Lizenzgebühr zahlen
- Selbst hoch qualifiziert sind
- Das System selbst überall weiter hinein in den Markt tragen
- Das Marketing für das System unterstützen und selbst ausweiten

Lizenznehmer Doch warum sollten Dritte das tun? Warum sollte ein Lizenznehmer Ihnen viel Geld dafür zahlen, dass er Ihre Inhalte »verkaufen« darf?

Vor allem aus drei Gründen:

1. Weil bereits viel Zeit und Geld in den sorgfältigen Aufbau der Marke des Systems geflossen ist – und der Lizenznehmer somit ein gutes Image und einen Marktzutritt mitkaufen kann.

2. Weil alle erforderlichen Methoden, Unterlagen, didaktischen Konzepte, Arbeitshilfen, Materialien sowie Marktinstrumente bereits erarbeitet und produziert wurden – das gibt dem Lizenznehmer einen Zeitvorteil von meist mehreren Jahren.

3. Weil das Lizenzsystem sich gegenseitig in der Sichtbarkeit auf dem Markt bestärkt. Es ist manchmal viel schwieriger, sein selbst gebasteltes Potenzialanalyse-System an den Kunden zu bringen, als auf die Lizenz einer der renommierten Marktführer zurückzugreifen – wobei wir an dieser Stelle nicht die Vor- und Nachteile der einzelnen Systeme diskutieren können.

Sie alle kennen Lizenzsysteme aus dem Personalentwicklungsbereich wie DISG, Insights MDI etc. Auch vergibt eine Reihe von Trainingsunternehmen aus dem Aus- und Inland Lizenzen an Lizenznehmer, die sich ähnlich wie Franchisenehmer in der Wirtschaft an genaue Standards und Regeln zu halten haben. Franchisesysteme sind also umfassender, sie beinhalten meist das komplette Geschäftsmodell: Und zwar vom Aussehen des Briefpapiers über die Inhalte eines Seminars bis zum Aufbau eines Inhouse-Trainings oder einer Organisationsberatung sowie das ausgearbeitete Marketinginstrumentarium. Und daran hat sich der Franchisenehmer auch zu halten, was der Franchisegeber durch Stichprobenuntersuchungen und Hospitationen überprüfen kann. Außerdem sind die Franchisenehmer üblicherweise auch verpflichtet, in gewissen Abständen Berichte zu übersenden und Zufriedenheitsabfragen unter ihren Kunden durchzuführen und zurückzureportieren. So werden Franchisesysteme marktnah weiterentwickelt und die Marke qualitativ gepflegt, was nicht zuletzt dem Rechtenehmer wieder zugutekommt.

Und natürlich wirken alle diese Lizenznehmer als Akquisitionsverstärker, da sie eifrig Akquisition, Werbung und Marketing für »Ihr System« treiben und größere Marktsegmente besetzen.

Je bekannter ein System aber ist, desto mehr Kompetenz und Glaubwürdigkeit wird ihm von Kundenseite unterstellt: »*Ach, wenn DIE auch danach trainiert wurden, dann muss das ja gut sein*« – ein sich selbst befördernder Kreislauf!

Preise und Kosten: Diese sind für Lizenz- wie Franchisesysteme im Trainings-, Weiterbildungs- und Beratungsbereich sehr unterschiedlich hoch. Sie setzen sich meist aus einer Grundgebühr sowie laufenden Gebühren zur Pflege der Marke und des Systems zusammen. Umgekehrt sind dies Ihre zusätzlichen Einnahmequellen, wenn Sie ein entsprechendes System aufbauen und anbieten. Außerdem kommen auf Trainer und Berater als Einsteiger noch die üblichen Existenzgründungs-Investitionen hinzu, die entweder im Franchise-CI oder im eigenen »Look« zu entwickeln sind.

Ein System zu entwickeln kostet also zunächst einmal viel Know-how, viel Zeit und viel Marketingbudget. Denn für seine Lizenzgebühr darf der Lizenznehmer ein gut im Markt eingeführtes Paket erwarten, das ihm wiederum den Marktzutritt erleichtert.

Und dann kostet es auch noch Aufmerksamkeit, denn Sie müssen ein Qualitätsmanagement und ein Controlling aufbauen, damit die Hochwertigkeit der aufgebauten Marke auch auf Dauer erhalten bleibt.

Und alle Verhaltensregeln zum Erhalt und weiteren Ausbau der Marke und des Systems müssen natürlich ebenso wie die Qualitätsanforderungen – und die Sanktionen – im Vertrag festgeschrieben werden.

3.6.2 TRAINERLIZENZEN

Auf dem Markt der Trainer, Berater und Coachs funktioniert auf einer etwas tieferen Ebene auch noch ein kleines Lizenzsystem: das der Unter-Auftragnehmer.

Unter-Auftrag-nehmer

Dabei treten meist freiberufliche Trainer oder Berater mit einem bestimmten System auf, wenn sie über einen zentralen Anbieter gebucht werden. Das ist sehr probat, weil es nicht den Zwängen einer – meist exklusiven – Lizenz unterliegt und der Trainer zudem »auf eigene Kappe« noch andere Themen oder Systeme anbieten kann. Erst wenn z. B. ein Großauftrag an das Lizenzunternehmen – oder sagen wir: die zentrale Plattform – ergeht, finden sich die freien Trainer dann unter der Fahne des Unternehmens zusammen und treten nach außen hin unter diesem System auf.

Auch dafür braucht es ein juristisch stichhaltiges Regelwerk, das beide Seiten schützt. Den Plattformanbieter, der ja zum Kunden hin als Gesamtverantwortlicher für die Inhalte und die Performance auftritt und der seinen Kunden auch nicht an den Einzeltrainer verlieren will, und den Trainer, der sich möglicherweise im Interessenkonflikt zwischen Kundenunternehmen und Auftragsunternehmen findet.

Ein Franchise-System zu übernehmen kann Ihnen als Marktneuling den Marktzutritt erleichtern und beschleunigen. Und selbstverständlich können Sie auch im Bildungsbereich als Franchise-Geber auftreten; vor allem im Bereich der schulischen Förderung ist Franchising ein akzeptiertes Marktmodell mit Hebelwirkung.

Marktmodell mit Hebelwirkung

3.7 BUCHPUBLIKATION

Der Herausgeber einer Londoner Zeitung veranstaltete eine Rundfrage über das Thema: »*Bücher, die mir geholfen haben*«. Eine Antwort lautete: »*Das Kochbuch meiner Mutter und das Scheckbuch meines Vaters.*« Ein Buch, das möglicherweise so nährend wie das Kochbuch und so unterstützend wie das Scheckbuch für Ihre Karriere sein könnte, könnte Ihr eigenes sein.

Buchveröffentlichung Eine Buchveröffentlichung kann eine nahezu unbezahlbar gute Investition in die Zukunft sein, wenn sie wirklich dazu genutzt wird,

- Ihren Expertenstatus klar zu kommunizieren und
- Ihre Zielgruppe von Ihrer Glaubwürdigkeit und Kompetenz zu überzeugen.

Dies kann sich niederschlagen:

- in Mehraufträgen,
- in positiven Entscheidungen für Ihr Angebot im Wettbewerbsfall,
- in höheren Tagessätzen (z. B. als Speaker).

Außerdem kann eine Buchveröffentlichung gut für das eigene Ego sein – und das ist ein legitimer Grund.

»Wenn's einfach wär, dann könnt's ja jeder ...«

Das klingt wirklich gut, doch so einfach ist es nicht. Als Berater müssen wir unseren Klienten – die teilweise eine Buchproduktion als Lösung all Ihrer Kommunikationsprobleme betrachten und vor ihrem inneren Auge Bahnhofsbüchereien voll mit ihrer Buchauslage sehen – die Vor- und Nachteile einer Buchproduktion im Sachbuchbereich vorlegen.

1. Zum Ersten ist es sehr wichtig, dass sich der künftige Autor über seine Motive zur und Erwartungen in eine Buchproduktion wirklich klar wird. Sonst sind Enttäuschungen nicht zu vermeiden.

2. Zum Zweiten muss die Frage untersucht werden, wie die gefundene Kernpositionierung in eine Buchform übertragen werden kann, sodass größere Zielgruppen davon profitieren können.

3. Dann gilt es zu überlegen, ob eine solche Produktion interessant für einen der etablierten Verlage sein könnte. Die Realität sieht so aus: Im Bereich Belletristik / Fiktion werden über 99 % der Manuskripte von Verlagen abgelehnt; selbst im wesentlich stärker aufgeteilten Fach- / Sachbuchverlag sind es mehr als 96 %, wie jüngst auch eine Befragung unter Autoren und Literaturagenten zur Buchmesse ergab.

4. Und viertens sollten die Vor- und Nachteile der verschiedenen Formen der Buchproduktion sorgsam beleuchtet werden:

   Verschiedene Formen der Buchproduktion

   - etablierter Verlag,
   - Eigenverlag,
   - BOD, Book on Demand,
   - elektronische Buchproduktion wie E-Book,

   … die aus Platzgründen in der begleitenden CD-ROM zum Buch noch ausführlicher diskutiert werden.

Selbst schreiben oder schreiben lassen?

Nun, das ist eine Frage Ihrer Kernkompetenzen. Es gibt Trainer, Coachs, Berater und Experten aus Bildungsinstituten, die sind hervorragende Schreiber. Es gibt aber auch solche, die haben ein

Ghostwriter oder Lektor

gutes Kernthema, sind lösungsorientierte Berater, erfahrene Coachs oder selbstsichere Vortragende – und bekommen keinen gescheiten Satz zu Papier. Oder Sie wissen schlicht nicht, wo anfangen und wie vorgehen, dass aus einer Idee ein Buch entsteht. Dann mag es sinnvoll für Sie sein, eine Ghostwriterin oder einen Lektor, evtl. auch einen Koautor einzuschalten. Schauen wir uns die Fallbeispiele – die wir alle so in der Praxis erlebt haben – mal kurz an (s. Kasten nächste Seite).

Jeder Ghostwriter und Lektor geht in seiner Arbeit unterschiedlich vor. Daher macht es an dieser Stelle keinen Sinn, den weiteren Arbeitsprozess zu beschreiben. Den werden Sie im gegebenen Fall gemeinsam erarbeiten.

Wie immer gilt: Meilensteine festlegen. Nur so können Sie überblicken, ob Ihr Buchprojekt noch im Zeitrahmen und auf dem richtigen Weg ist.

STAND	MÖGLICHKEITEN	WER
»Ich hab alles im Kopf ...«, aber noch nichts auf Papier	Audioprotokolle aufzeichnen: Vielen fällt es leichter, ein Band (Diktaphon) zu besprechen, als seitenweise Konzepte und Probekapitel zu schreiben. Diese können einem Ghostwriter zur Einarbeitung und zur Entwicklung des Buches übergeben werden.	Ghostwriter
»Ich hab dieses Thema schon seit Jahren drauf ... und da gibt es auch Seminarunterlagen und eine Menge Zettel, auf denen ich mir was notiert habe.«	Themensammlung zusammenstellen und vorordnen. An Ghostwriter übergeben zur Vorbereitung. Gemeinsam in Klausur gehen und intensiv an der Struktur arbeiten.	Ghostwriter
»Über dieses Thema kann ich viel schreiben – aber im Bereich XY fehlt mir das Fachwissen.«	Suchen Sie sich einen Ghostwriter oder Autor, der seine Schreibkompetenz in Bereich XY bereits bewiesen hat, und kooperieren Sie mit ihm.	Koautor, Ghostwriter
»Die Rohtexte sind so weit fertig, aber ein richtiges Buch ist das noch nicht.«		Lektor
»Das Manuskript hab ich schon fix und fertig in der Schublade – aber wie komm ich jetzt an Verlage?«		Literatur-Agent

Rechnet sich ein Buch für Sie?

Verkaufserlös Die Veröffentlichung eines Buches in einem Fachbuchverlag wird Sie nicht reich machen – jedenfalls nicht, wenn Sie Erstautor sind und wenn Sie nur den reinen Anteil am Verkaufserlös berechnen und die akquisitionsunterstützenden Effekte einer Publikation außen vor lassen.

Dazu ein ganz einfaches Rechenbeispiel, das auf durchschnittlichen Werten für den Erstautor beruht:

Prämissen:

- Auflage eines Sachbuches in einem renommierten Verlag, Startauflage, 1. Buch eines Autors, Zielgruppe = Markt der Führungskräfte + Freiberufler + PE/Training/Weiterbildung: 2000–3000 Ex. (es gibt auch Verlage, die mit 500 Ex. Startauflage beginnen)

- Durchschnittliche Tantieme, die Verlage Erstautoren gewähren: 10 % vom Nettoerlös

- Durchschnittlicher Verkaufspreis, hier angenommen: 24,80 EUR (23,18 EUR abzgl. MwSt.)

Dann können Sie sehr schnell überschlagen, was Sie an einem Buch verdienen können:

3000 x 23,18 = 69 540 EUR, Nettoerlös ca. 34 800 EUR, davon 10 % = 3480 EUR

Wohlgemerkt, bei einer komplett verkauften Auflage von tatsächlich 3000 Exemplaren, ohne Verramschung etc. Interessant wird das Spiel also erst ab der unveränderten 2. Auflage, die Ihnen und dem Verlag weitere Umsätze bei nur geringen Kosten bringen wird.

Gehen Sie jetzt davon aus, dass Sie noch einen Ghostwriter oder einen Lektor zahlen, dann wird das ein Nullsummenspiel. Oder so ähnlich.

Also betrachten Sie den Image-, Werbe- und Akquisitionsfaktor Verlagsmarkt Ihres prospektiven Buches am besten mit einem Experten, der den Verlagsmarkt kennt und auch weiß, wie Sie das meiste aus dem Buchmarketing rausholen können. Berechnen Sie den mit einer Summe X, dann sieht die Rechnung schon viel positiver aus.

Jetzt können Sie noch überlegen, wie Sie selbst Ihr Buch vermarkten können, um Ihre Marge zu erhöhen. Manchen Trainern gelingt es, über ihr Seminargeschäft und Büchertische bei kooperierenden Unternehmen oder befreundeten Trainern große Mengen an Büchern (und anderen Medien) abzusetzen, die sie zum verringerten Autorenpreis (40–60 %) beim Verlag eingekauft haben; und damit dann eine schöne Marge erzielen zu können.

Wenn Sie Ihrer Entscheidung jetzt schon ein wenig näher sind, Checkliste zur Buchvorbereitung dann kann die folgende Checkliste zur Buchvorbereitung hilfreich für Sie sein. Damit Sie wissen, was ein Verlag von Ihnen wissen wollen wird:

VORBEREITUNG BUCHPRODUKTION

1. Arbeitstitel und -untertitel definieren
Thema eingrenzen und Gedanken sortieren

2. Zielgruppe
Wen wird dieses Thema besonders interessieren?
Wie groß wird die Zielgruppe eingeschätzt?

3. Zentrale These(n)
Die zentralen Aussagen und Kernpositionen des Buches

CHECKLISTE

4. Materialsammlung

Welche Materialien liegen zur Recherche/Formulierung der zentralen Aussagen/Sachverhalte vor?

- Seminarunterlagen
- Textrudimente
- Niederschriften von Gedanken
- Tabellen
- Grafiken
- Diagramme
- Fotos
- Bücher und Aufsätze, die im Themenumfeld bereits erschienen sind
- Weiteres

5. Vermarktung

Welche Personen und Institutionen könnten zur Verbreitung des Buches beitragen und in welcher Form? Wie sieht Ihr persönliches Netzwerk aus (ggf. Anzahl Seminarteilnehmer, Kunden etc.)? Wie kann Ihr Netzwerk zur Verbreitung Ihres Buches beitragen?

Was der Verlag noch sehen will:

6. Der Autor

Beschreiben Sie Ihren beruflichen und/oder wissenschaftlichen Werdegang (Geburtsdatum; Studium; Abschlüsse; bisherige und jetzige berufliche Tätigkeit[en]; Zusatzqualifikationen; Kontakte zu Institutionen).

7. Inhaltsverzeichnis

Geben Sie der Themen- und Gedankensammlung jetzt eine Struktur.

8. Exposé

Kurzzusammenfassung von Inhalt, Zielsetzung, Struktur und Stil des geplanten Buches

9. Probekapitel

3.7.1 BUCHVERMARKTUNG ÜBER SOCIAL MEDIA

Sehr erfolgreich ist der frühzeitige Start der Vermarktung in den Social Media. Sehr clevere Trainer, Berater und Coachs binden über die Kommunikationsplattformen künftige Leser bereits in die Themen- und Titelfindung, in den Aufbau der Inhalte und in die Sammlung von neuen Ideen ein. Sie rufen zu Wettbewerben und Feedbacks auf und versteigern Darstellungsfläche für Leser in ihren neuen Büchern.

Während das Manuskript beim Verlag Lektorat, Satz, Korrektur und Vorverkauf im Buchhandel durchläuft, entwickeln sie schon eine kleine virale Kampagne, die neugierig auf das kommende Buch macht und Vorbestellungen auslöst.

Neugierde wecken, Vorbestellungen generieren

Sie laden über die Social Media zu Buch-Launch-Partys oder Lesungen ein. Und Sie promoten das Buch und Schlüsselideen daraus über Twitter und Facebook. Richten Sie gegebenenfalls eine eigene Facebook-Seite für das Buch ein, schließen sich Themenforen im Internet und Buchcommunities an, stellen Ausschnitte aus ihren besten Lesungen oder Buchvorträgen auf YouTube und ähnlichen Videoportalen ein und sorgen dafür, dass all das von Ihren Fans und Followern, von Ihren Freunden und Kollegen, von Ihren Seminarteilnehmern und Kunden in deren Netzwerke weitergeleitet, geshared, geliked, empfohlen wird. All das schafft Aufmerksamkeit und Absatz … unter der Voraussetzung, dass auch ein massenattraktives Thema (siehe Leserumfragen) gefunden wurde.

> **TIPP**
>
> Die Buchvermarktung über Social Media sollte mit der Einrichtung einer entsprechenden SEO-optimierten Microsite mit generischer Domain oder einem Blog zum Thema verbunden werden – das gibt der Sichtbarkeit im Internet guten Schub.

3.8 AWARDS

Good news are no news? – Das gilt sicher nicht im Bereich der Personalentwicklung und des Trainings! In Zeiten schlechter Noten für das deutsche Bildungs- und Weiterbildungssystem können Sie kaum mehr positive Aufmerksamkeit auf sich ziehen als durch den Beweis Ihrer ausgezeichneten Fähigkeiten als Trainer.

Beweis Ihrer Fähigkeiten Das ist doppelt preis-verdächtig: Denn es kann – geschickt kommuniziert – Ihren Marktwert steigern und festigt mindestens den Preis. Vor allem aber steigert es Ihren guten Ruf und ist Ausweis Ihres Könnens und Ihrer Effizienz. Ein Award, eine Auszeichnung, wird von potenziellen Kunden deutlich als Beweis Ihrer Fähigkeiten, als offizieller Beleg gewertet. Und somit wird die Vertrauensbasis geschaffen oder erweitert.

Entscheidend ist vor allem, wie Sie eine (mögliche) Auszeichnung als Hebel zur Akquisitionsverstärkung einsetzen. Und da gibt es nichts Wichtigeres als die angemessene und dezente, aber konsequente Kommunikation nach außen. Am besten gemeinsam mit einem Partner, der auch für Sie einsteht: beispielsweise der Kunde oder Klient, mit oder bei dem Sie eine spezielle Weiterbildungsmaßnahme durchgeführt haben, mit der Sie sich um einen Award bewerben wollen. Gemeinsam mit diesem können Sie die Presse- und Öffentlichkeitsarbeit quasi verdoppeln, Sie erscheinen als Erfolgsteam auf dem Markt – und: Sie werden diesen Kunden auf lange Zeit positiv an sich binden!

Gehen wir mal davon aus, dass Sie in die engere Auswahl für eine solche Auszeichnung kommen – oder gar einen Award gewinnen. Dann könnte eine Kommunikation mit Hebelwirkung für Ihre Akquisition folgendermaßen aussehen:

KOMMUNIKATION EINER AUSZEICHNUNG

- Kunde oder Klient als Partner gewinnen

- Unterlagen zum Award einreichen

- Pressemitteilungen (Sie und Kunde) zur Auswahl/Finalisten

- Gleichzeitig: exklusive Angebote an die Presse zur Veröffentlichung von Best-Practice-Stories machen

- Eventuell Mailing an Ihre anderen Kunden und Interessenten

- Pressemitteilungen (Sie und Kunde) zum Gewinn der Auszeichnung

- Mailing an Ihre Kunden und Interessenten sowie die Kunden Ihres Kunden

- Angebot (und Veröffentlichung) von Fachessays durch Fachpresse

- Abdruck der Auszeichnung auf Ihren Kommunikationsmitteln, begonnen beim Briefpapier

- Abdruck der Auszeichnung in Werbemitteln (wie Anzeigen in den Branchenmedien Ihres Kunden)

- Erwähnung der Auszeichnung im automatischen Anhang Ihres E-Mail-Programms

- Darstellung der Auszeichnung auf Ihrer Homepage (Abbildung der »Trophäe«, Siegel, Preisfoto, »Stempel«)

Wie Sie in der Kommunikationscheckliste gesehen haben, können Sie bereits mit der Nominierung zum Award positive Aufmerksamkeit für sich – und das Thema – erregen. Mit jedem weiteren Schritt können Sie den Hebel nur vergrößern.

Sie können die Akquisitionswahrscheinlichkeit einer Auszeichnung auf verschiedene Weise verstärken:

1. Suchen Sie mit Bedacht eine Auszeichnung aus, für die Ihr Projekt tatsächlich realistisch infrage kommt – und die Ihnen auch etwas bedeutet, über den Marketingeffekt hinaus. Warum? Weil Sie nur so nicht enttäuscht sind, wenn Sie über die erste Runde oder das Finalistenstadium nicht hinauskommen. Und weil die Zusammenstellung und Einreichung der Unterlagen meist mit erheblichem Zeit- und ein wenig Kostenaufwand verbunden ist. Da heißt es, Kräfte bündeln!

2. Fordern Sie die Ausschreibungsunterlagen sehr frühzeitig an, damit Sie genug Zeit haben, die passende Weiterbildungsmaßnahme aus Ihren Projekten herauszufinden und am besten schon gleich hinsichtlich der Ausschreibungsunterlagen dokumentieren zu können.

3. Lesen Sie die Ausschreibungsunterlagen wirklich sorgfältig und halten Sie sich an die Vorgaben. Jurys lieben eines: vergleichbare Standards. Und da sowieso wenige Dinge schwieriger zu vergleichen und zu evaluieren sind als eine Weiterbildungsmaßnahme, machen Sie es der Jury wenigstens so einfach wie möglich, Ihr Projekt einzuschätzen.

4. Beachten Sie grundlegende Kriterien in den Unterlagen wie die mehrfache oder zeitversetzte Einreichung von Projekten. Sie glauben nicht, wie viele Menschen versuchen, bereits ausgewählte Maßnahmen verschiedentlich einzureichen – auch wenn es ausdrücklich heißt, dass nur aktuelle Projekte eingereicht werden dürfen.

5. Versetzen Sie sich beim Ausfüllen der Unterlagen in die Lage der Jury. Und das heißt: Kernaussagen auf einen Blick

sichtbar machen, präzise sein, Vorteile und USPs Ihrer Maßnahme mit wenigen Sätzen klar hervorheben, nicht in langen Erklärungen verlieren, bebildern, Grafiken finden. Kurz: Die Jury ist Ihr Kunde – und dem machen Sie es ja auch so einfach wie möglich, Ihr Angebot unwiderstehlich zu finden und zu »kaufen«.

6. Holen Sie gegebenenfalls vorher Rat von Kollegen ein, die sich schon einmal um den Award beworben haben, der Sie interessiert, am besten natürlich, wenn Sie sich nicht gerade parallel bewerben. Geben Sie nicht allzu viel auf Gerüchte über Fairness oder Unfairness – hören Sie konkrete Erfahrungen heraus und nutzen Sie diese für sich.

7. Im Zweifel können Sie auch einen externen Berater zurate ziehen, der sich mit Ausschreibungen auskennt und die richtigen Worte findet, Ihr Projekt mit dem gewissen professionellen Abstand in die rechten Worte zu fassen.

8. Schauen Sie sich die Sieger der letzten Jahre des spezifischen Awards an: Was wurde in den Preisbegründungen als besonders positiv an einer ausgezeichneten Maßnahme herausgestellt, was können Sie daraus lernen im Sinne des Benchmarkings?

Sieger der letzten Jahre

9. Achten Sie darauf, dass Sie keine Dublette zu vorher ausgezeichneten Projekten in der Begründung einreichen. Ein sehr gutes Projekt kann möglicherweise übergangen werden, wenn eine ähnliche Maßnahme vor kurzem erst ausgezeichnet wurde.

10. Abraten können wir nur vom Versuch der Einflussnahme auf Jurymitglieder, die ja bekannt sind. Das ist nicht nur unfair und unerwünscht, das führt tendenziell auch nicht zu besseren Einschätzungen. Das hat auch nicht viel mit

Netzwerken zu tun. Und das haben Sie als guter Trainer, als Beraterin oder Unternehmen auch gar nicht nötig.

»Erwirbt ein Erdensohn sich Lob und Preis, gleich bildet sich um ihn ein Sagenkreis«, dichtete der Schweizer Romancier Conrad Ferdinand Meyer frisch und marketingtauglich drauflos. Sorgen Sie dafür, dass der »Sagenkreis« positive weite Kreise zieht – indem Sie die professionelle Kommunikation einer Auszeichnung für Ihre Akquise nutzen.

4. AKQUISITION DIREKT

Jetzt konnten Sie bereits einiges darüber lesen, wie Sie Ihre Akquisitionsbemühungen ergänzen und unterstützen können. Flankierende Maßnahmen erleichtern Ihnen Ihre Kundengewinnung. In diesem Kapitel geht es nun um die eigentliche und unmittelbare Akquise, also Ihre Kontaktpunkte zu Ihren potenziellen Kunden. Im Dienstleistungsmanagement wird dies auch gerne und treffend »moments of truth«, also Momente der Wahrheit, genannt.

4.1 KAUFSITUATIONEN ÜBER BEZIEHUNGS-MANAGEMENT

Immer wieder sprechen Trainer davon, dass sie in ihrem Fach gut, in der Akquise jedoch schwach sind. Nachgefragt kommen dann Aussagen wie *»Ich bin nun mal kein Verkäufer«* oder *»Ich will kein Verkäufer sein«*. Kein Phänomen, das nur in der Zunft der Trainer, Berater oder Coachs zu beobachten ist. Auch Seminarteilnehmer in verkäufernahen Berufen haben scheinbar ein Problem mit einem hierzulande schlechten Verkäuferimage.

Kunden haben also Angst vor dieser angeblichen »Verkaufskanone«, auch gerne »Hardseller« genannt. Bleibt die Frage: Gibt es so einen Menschen? Ein Verkäufer, der angeblich alles und jedem verkaufen kann? Die Antwort ist *»Nein«*.

Bild vom Verkäufer

These: Man kann einem Nichtraucher keine Zigaretten verkaufen. Es sei denn, man versucht ihn über den Tisch zu ziehen.

Sie kennen diesen peinlichen Verkäufer-Spruch: *Man muss den Kunden nur so über den Tisch ziehen, dass er die dabei empfundene Reibungswärme als Nestwärme empfindet.* Oder dieser Verkäufer arbeitet über den Preis und verschenkt im Extremfall die Zigaretten. Nur ist eine solche Strategie nicht erfolgversprechend. Jedenfalls nicht auf Dauer.

Aber ist denn Kaufen aus Kundensicht auch negativ belegt? Nein! Die meisten Menschen gehen gerne bummeln, freuen sich, wenn Sie etwas »ergattern«, und machen hin und wieder eine Shopping-Tour.

Halten wir fest: Etwas verkauft zu bekommen, was ich nicht gebrauchen kann, ist aus Kundensicht unangenehm und davor haben scheinbar viele Kunden Angst. Etwas zu kaufen, was ich benötige, löst jedoch ein positives Gefühl aus.

BEISPIEL

Sie kennen alle diese Situation: Sie gehen nur mal so zum Schauen in den Einzelhandel und schlendern um die Regale mit Anziehsachen. Eigentlich nur mal so, um zu schauen. Nach 1,75 Sekunden kommt der erste Verkäufer und fragt: *»Kann ich Ihnen helfen?«* Da will Ihnen jemand etwas verkaufen und Sie wollen nur schauen. Also bekommt dieser vermeintliche Verkäufer erst einmal eine Abfuhr. Verärgert zieht er sich in sein Schneckenhaus zurück. Innerlich mit der Bestätigung, dass er ja immer schon der Meinung war, dass alle Kunden nur schauen wollen. Innerhalb dieses selbst angelegten Teufelskreises hat er gerade wieder eine Bestätigung »ergattert«. Es ist also besser, Kunden nicht anzusprechen, die wollen sich ja immer nur umschauen. Wenn dieser Verkäufer Sie beobachtet hätte, dann hätte er bemerkt, dass der Zeitpunkt schlecht gewählt ist. Und obwohl oder gerade weil Sie ja eigentlich nichts kaufen wollten, finden Sie nach fünf Minuten ein

Hemd, das Ihnen gut gefällt. Sie suchen nun zum einen dieses Hemd in Ihrer Größe und zum anderen ein Feedback eines Beraters zur Qualität des Hemdes, ob es Ihnen steht oder ob es gut kombinierbar ist. Aber: Es ist kein Berater weit und breit zu sehen, denn der ist ja noch sauer über die Abfuhr von vor fünf Minuten. Dabei könnte er Ihnen ohne zu VERkaufen etwas verkaufen, pardon, Sie könnten es ihm nach einer kompetenten Beratung ABkaufen.

Ihre Aufgabe als Berater ist es, Kaufsituationen zu schaffen, in denen Sie Ihren Kunden nicht etwas verkaufen, was diese im Zweifel nicht gebrauchen können, sondern in denen Ihr Kunde Ihnen am Ende eines strukturierten und beziehungsorientierten Beratungsgespräches eine Lösung »abkauft«.

Beratungsgespräch

Es sind die Bedürfnisse, Ziele und Wünsche – verbunden mit der Einsicht in die Notwendigkeit und der persönlich empfundenen Dringlichkeit zum Handeln –, die Ihre Kunden veranlassen, eine Lösung zu brauchen und bei Ihnen zu kaufen.

4.1.1 KAUFSITUATIONEN SCHAFFEN

Es gibt einen Schlüssel, um aus Kundensicht Kaufsituationen zu schaffen. Und dieser Schlüssel ist so alt, wie Menschen sich gegenseitig etwas abkaufen. Der Schlüssel hat einen Namen: Beziehungsmanagement mit Ihren Kunden.

Beziehungsarbeit

BEZIEHUNGSMANAGEMENT

im Sinne eines Kunden bindenden Vertriebsinstrumentes bedeutet, die Fähigkeit zu besitzen, sich seinen Kunden zu nähern.

In den meisten der erfolgreichsten Firmen sitzen Verkäufer, die genau über diese Gabe verfügen. Sie verstehen es, Ihren Kunden nahe zu sein, beherrschen den situativen Smalltalk genauso gut wie das technisch orientierte Beratungsgespräch.

Gleichberechtigte und vertrauensvolle Beziehung schaffen

Ohne eine gleichberechtigte Beziehung wird es schwierig, dem Kunden eine Situation zu schaffen, in der er gewillt ist, Ihnen Ihre Dienstleistung abzukaufen. Zumal – und das ist das Besondere an unserer Branche –: Unsere Dienstleistungen sind bei Vertragsabschluss nicht fassbar. Ihr Kunde muss also darauf vertrauen, dass Sie die Effekte, die Sie ihm versprechen, auch mit Ihrem Training, Ihrer Beratung oder Ihrer Unterstützung erreichen.

Das heißt, Ihr Kunde wird sich die Frage stellen, ob sich die gewünschte Verhaltensänderung beim Mitarbeiter auch einstellt, wenn dieser Ihr Training besucht hat. Ist die Führungskraft nach dem Coaching »wieder auf der Spur«? Und wird sich nach der Restrukturierung der Abteilung der gewünschte Kosteneffekt auch zeigen?

Positive Beziehungen Vertrauen kann er Ihnen, wenn Sie eine positive Beziehung zu ihm aufbauen. Das gelingt Ihnen im Beratungs- und Akquisegespräch selbst, muss Ihnen aber auch schon in der Kontaktanbahnung gelingen. Außerdem gilt es, diese Beziehung auch dann aufrechtzuerhalten, nachdem Sie sie hergestellt haben. Sie wissen ja, es ist bedeutend schwieriger und vor allem teurer, einen neuen Kunden zu gewinnen, als einen bestehenden Kunden zu halten.

Vertrauensbildende Maßnahmen Vertrauensbildende Maßnahmen für die Akquise, damit Vertrauen keine Worthülse bleibt:

- Sprechen Sie die Sprache Ihrer Kunden und nicht die eigene Fachsprache.

- Bleiben Sie glaubwürdig, d.h. stimmig zwischen dem, was Sie darstellen, und dem, was Sie tun.

- Vermeiden Sie den Oberlehrer und Besserwisser, Ihre Kunden sind zwar nicht die Könige, aber einen partnerschaftlichen Umgang haben sie verdient.

- Halten Sie Termine und Zusagen unbedingt ein und versprechen Sie nichts, was Sie nicht halten können. »Ich melde mich wieder«, bedeutet: Sie melden sich wieder! Und das sollte keine leere Worthülse sein. Feedbacks von Entscheidern in Unternehmen deuten darauf hin, dass es Vertriebler sehr oft bei einem Versprechen belässt. Nutzen Sie konsequent ein Wiedervorlagesystem und vergessen Sie nicht, Ihre Versprechen einzuhalten. Dies sollte keine Floskel in Ihrem vertrieblichen Sprachschatz sein!

Termine und Zusagen

- Leben Sie vor, was Sie Ihren Teilnehmern vermitteln. Nur so wirken Sie authentisch.

- Nutzen Sie Marketing- und PR-Instrumente und geben Sie Ihren Kunden so die Chance, Sie über mehrere Kanäle wahrzunehmen.

- So banal es scheint: Achten Sie auf Ihr äußeres Erscheinungsbild, Ihre Umgangsformen. Seien Sie freundlich zu Ihren Kunden und deren Mitarbeitern.

4.1.2 GLAUBWÜRDIGKEIT SICHERSTELLEN

Glaubwürdigkeit ist die Summe aus Vertrauen, Ehrlichkeit und Offenheit. Alles Eigenschaften, die Ihre Kunden an Ihnen schätzen. Welche Werte haben Sie als Unternehmer für sich formuliert? Und? Leben Sie diese Werte auch im Kundenkontakt?

Glaubwürdigkeit

Beziehungsarbeit mit Ihren Kunden ist ein Werteprozess, der sich als

1. Schaffung von unternehmerischen Werten,
2. Kommunikation dieser Werte in die Richtung Ihrer Kunden und
3. Einhaltung dieser Werte (Vorleben) im Kundenkontakt versteht.

> **Wenn Sie als Unternehmer eine hohe Glaubwürdigkeit ausstrahlen, dann haben Sie die besten Chancen auf akquisitorischen Erfolg und dauerhaft an Sie gebundene Kunden.**

Um dauerhaft glaubwürdig zu bleiben, sollten Sie die folgenden Hinweise beherzigen:

1	Informieren Sie Ihre Kunden wahrheitsgemäß.
2	Bleiben Sie immer aufrichtig. Ihr Kunde wird es schätzen.
3	Ihre Kunden wollen langfristig einen Ansprechpartner, der ihnen relevante Informationen liefert.
4	Bleiben Sie fair, auch bei unwissenden Kunden.
5	Schüren Sie keine Ängste bei Kunden, um Geschäfte zu machen.
6	Geben Sie Ihrem Kunden immer alle Informationen, die er benötigt, um sich ein umfassendes Bild zu machen.
7	Verkaufen Sie Ihren Kunden nur das, was sie auch benötigen.
8	Versprechen Sie nur Dinge, die Sie auch einhalten können.

Kurz und gut: Bleiben Sie fair zu Ihren Kunden und auch Ihre Kunden werden fair mit Ihnen umgehen, dann entsteht ein emotionaler Mehrwert, den Ihre Kunden zu schätzen wissen.

4.1.3 BEZIEHUNGSMANAGEMENT NUTZEN

Zugegeben, der zeitliche Aufwand des beziehungsorientierten Vertriebes ist höher als nur auf Kundenanfragen zu reagieren und die Standards im Vertrieb »abzufackeln«. Dennoch, es lohnt sich. Berater, die Beziehungsmanagement beherrschen, erzielen die größeren Verkaufserfolge, haben Kunden mit der bewiesenermaßen größten Zufriedenheit und längsten Kundenbindung.

Zufriedenheit und Kundenbindung

Alleine aus diesem Blickwinkel betrachtet lohnt der Aufwand, den Sie in einen beziehungsorientierten Vertrieb investieren. Sogar unter der Berücksichtigung betriebswirtschaftlicher Aspekte.

Zudem wird es Ihnen mehr Spaß machen, die emotionalen Kontakte zu Ihren Kunden zu pflegen. Es macht Spaß, mit einem Kunden auch mal nur einen Smalltalk zu halten und nicht immer nur über das Geschäft zu sprechen. Es macht Spaß, wenn Kunden aufgrund Ihres ausgewogenen Beziehungsmanagements auf Sie zukommen und Ihnen Folgeaufträge bringen und Sie außerdem weiterempfehlen.

Zunehmend wird sich der beziehungsorientierte Vertrieb auszeichnen. Die anfänglich etwas höheren Investitionen zahlen sich immer schneller aus. Der Aufwand für die eigene Akquisearbeit wird von Mal zu Mal geringer – ohne natürlich jemals wirklich unnötig zu werden!

> **Gerade in einem durch »personal business« geprägten Beruf wie den des Trainers wird Beziehungsarbeit zwischen Ihnen und Ihren Kunden die eher technisch orientierten Akquiseinstrumente in den Hintergrund stellen.**

Beziehungsmanagement ersetzt zwar nicht die klassischen Absatzinstrumente, wird den Effekt dieser Instrumente jedoch exponential erhöhen und eine Investition in Marketing, PR- und Verkaufsaktionen erst rechenbar machen.

4.2 TELEFONAKQUISE

In Ihrem Business, einem Wirtschaftszweig, welcher auch gerne »People-Business« genannt wird, sind Vertrauen und Beziehungsarbeit die Schlüssel zu einem Kundenauftrag.

Verkauf am Telefon Der Verkauf einer Trainings-, Beratungs- oder Coachingmaßnahme am Telefon ist beinahe undenkbar, wenn es sich nicht gerade um offene Seminare handelt.

Daher geht es in einem Telefonat nicht um einen Abschluss, sondern um einen Termin bei einem potenziellen Kunden.

> **Versuchen Sie immer, direkt mit einem Entscheider einen Termin zu vereinbaren. Dieser kann den Kauf Ihrer Dienstleistung entscheiden und im Zweifel sogar ein eigenes Budget dafür freimachen, wenn er nach einem Akquisegespräch den Nutzen einer Zusammenarbeit im Ertrag höher einschätzt als die Mittel, die er dafür bereitstellen muss. Alles andere – so hart das auch klingt – ist verschwendete Zeit.**

Am einfachsten kommen Sie genau an diesen Entscheider heran, wenn Sie diesen Anruf aufgrund einer Empfehlung tätigen. In diesem Fall werden Sie in der Regel mit Ihrem Gesprächspartner verbunden.

Wenn Sie aufgrund einer Empfehlung telefonieren, dann ist der Einstieg in das Gespräch denkbar einfach. Meist gibt Ihnen der Empfehlungsgeber wertvolle Informationen mit auf den Weg, warum er Ihnen gerade diesen Ansprechpartner genannt hat. Diese Informationen sind die Basis für die Gestaltung des Gesprächsaufhängers.

Gesprächsaufhänger

Schwieriger wird es da schon bei einer Ansprache ohne jegliche vorherige Kontaktanbahnung oder Empfehlung.

> **Wenn Sie lieber mit einem Aufhänger telefonieren wollen, dann schicken Sie im Vorfeld Unterlagen an den Kunden. Egal, ob die Post diesen erreicht hat oder nicht, sie sind als Aufhänger für Sie selber immer willkommen. Ja, Sie haben richtig gelesen: »für Sie«. Es ist sozusagen ein psychologischer Trick, damit Ihr Unterbewusstsein sich nicht gegen die Kaltakquise wehrt.**

Es ist nun egal, ob Sie mit einer Empfehlung, einem guten Tipp oder »kalt« anrufen. Ihr Ziel sollte ein Termin mit Ihrem Ansprechpartner sein. Und zwar nur ein Termin.

Versuchen Sie nicht Ihre komplexe und erklärungsbedürftige Dienstleistung bereits am Telefon zu verkaufen. Das geht in der Regel schief. Je mehr Informationen Sie Ihrem Gesprächspartner im Telefonat liefern, desto eher wird er entweder abschalten oder bereits am Telefon eine Entscheidung treffen können. Reden Sie sich also bei Ihren telefonischen Kontaktaufnahmen

Telefonische Kontaktaufnahme

nicht um Kopf und Kragen und versuchen Sie nicht, Ihre Dienstleistung mit Engelszungen zu verkaufen.

Eine Beziehung zum Kunden können Sie besser im persönlichen Gespräch aufbauen.

Zeigen Sie Ihrem Kunden den Nutzen einer Zusammenarbeit mit Ihnen auf. Beschränken Sie sich dabei auf zwei bis drei wesentliche Nutzenvorteile.

Sie werden nicht jedes Telefonat mit einem Termin beenden können. Aber Sie können den Kontakt zu Ihrem Gesprächspartner aufrechterhalten. Sie können einen Kunden auch fünfmal und mehr anrufen, wenn Sie Ihr erstes und jedes weitere Telefonat geschickt beenden.

Zum Beispiel so: »*Bei Ihnen verändern sich Dinge im Unternehmen, bei mir/uns verändern sich Inhalte und Vorgehensweisen. Darf ich mich denn in einem Jahr wieder bei Ihnen melden? Wir können dann gemeinsam prüfen, ob eine Zusammenarbeit später sinnvoll ist.*«

Kaum ein Kunde wird bei dieser Frage »*Nein*« sagen. Teils weil er wirklich »*Ja*« meint, teils weil unsere Kommunikation nicht auf »*Nein*« ausgelegt ist.

Egal. Sie können nach dem mit Ihrem Kunden abgestimmten Zeitraum diesen wieder anrufen. Immer mit den Worten: »*Sie haben mich gebeten, dass ich mich nach einem Jahr wieder bei Ihnen melde.*«

Halten Sie Informationen nach dem Telefonat fest. Pflegen Sie Informationen jedes Akquisetelefonats in einer Kundendatenbank ein. Es wird einen professionellen Eindruck bei Ihrem Gesprächspartner hinterlassen, wenn Sie ihm gegenüber sagen können, wann Ihre letzten Kontaktpunkte gewesen sind.

Wenn Sie einen Termin mit Ihrem potenziellen neuen Kunden vereinbart haben, dann können Sie Ihrem Kunden noch eine Terminbestätigung mit Ihren Kontaktdaten zuschicken. Auch diese Maßnahme verdeutlicht Ihre Professionalität. In diese Terminbestätigung können Sie dann, wenn es sich aus Ihrem Gespräch ableiten lässt, auch eine mögliche Agenda hineinschreiben.

Termin mit potenziellem Kunden

Auch bei einer Absage ist es möglich, dem Ansprechpartner einen Brief zuzuschicken und ihm für das Gespräch zu danken. So bekommt er Ihre Kontaktdaten und kann bei Bedarf auf Sie zukommen. Immerhin hat er Sie nun zunächst telefonisch kennengelernt.

4.3 DAS BERATUNGSGESPRÄCH

Wenn Sie es bis zum Gesprächstermin geschafft haben, dann haben Sie bereits die schwierigsten Hürden genommen:

- Ihre Post hat Ihren Gesprächspartner erreicht und ist dem Papierkorb des Vorzimmers entgangen.
- Sie haben ein Telefongespräch mit dem Entscheider geführt und sitzen ihm nun gegenüber.

In Ihrem Business kostet es viel Zeit und Mühe, diese Situation herbeizuführen. Jetzt gilt es, in dem anstehenden Beratungsgespräch die letzten Punkte für einen Auftrag zu sammeln.

Beratungsgespräch

Ihr Beratungsgespräch sollte sich nun mittels folgender Adjektive beschreiben lassen:

- Professionell vorbereitet
- Partnerschaftlich und beziehungsorientiert
- Strukturiert
- Werteorientiert
- Zielgerichtet
- Und natürlich: abschlussorientiert

Es gibt sehr viele Formeln, die verdeutlichen sollen, wie Sie ein Beratungsgespräch strukturieren können. Allen gemeinsam ist es, dass sie sich leicht einprägen lassen. Zwei Beispiele für solche Formeln:

MERKFORMELN FÜR STRUKTURIERTE GESPRÄCHE

K ontakt	**B** egrüßen
A nalyse	**E** rmitteln
A ngebot	**Z** eigen
P rüfen	**A** rgumentieren
A bschluss	**H** andeln
V erstärker	**L** oben
	E mpfehlen
	N achfassen

Es gibt noch eine Vielzahl weiterer Formeln dieser Art, den meisten von Ihnen dürfte beispielsweise die AIDA-Formel (Attention, Interest, Desire, Action) bekannt sein. Auch diese können Sie zur Strukturierung eines Beratungsgespräches heranziehen.

Legen Sie diese Formeln übereinander, so werden Sie feststellen, dass alle einander ähneln und nur an der einen oder anderen Stelle voneinander abweichen. Und es macht unserer Meinung nach wenig Sinn, da jetzt noch eine Formel draufzupacken, wenn es einen ganz einfachen Weg gibt: Folgen Sie als Berater im Akquisitionsprozess nicht einem vorgeschriebenen Sales-Zyklus, sondern dem Kaufprozess Ihres Kunden.

DAS PROFESSIONELLE BERATUNGSGESPRÄCH ALS KUNDEN-KAUF-PROZESS:

1	Professionelle und sinnvolle Gesprächsvorbereitung	
2	Gesprächsbasis legen	Kunde ist noch schwach interessiert
3	Themen für das Gespräch festlegen, Ziele definieren und Wünsche erörtern	Das Interesse des Kunden nimmt zu
4	Gemeinsam mit dem Kunden eine Lösung erarbeiten und präsentieren	Ihr Kunde ist von der Lösung überzeugt, da er selber daran mitgewirkt hat
5	Mögliche Zweifel des Kunden berücksichtigen, auf Kaufwiderstände eingehen	Durch das Ausräumen der letzten Zweifel werden Abschlussängste überwunden
6	Eine beidseitige Partnerschaft eingehen	Kunde kann einen Vertrag mit Ihnen schließen
7	Regelmäßige Betreuung mit dem Kunden abstimmen und durchführen	Kunde sieht, dass Sie ihn professionell unterstützen
8	Empfehlungsgeschäft	Kunde gibt durch eine Empfehlung bereits eine Art Feedback
9	Kundenbindungsinstrumente nutzen	Kunde ist auf dem Weg zum loyalen Kunden

4.3.1 GESPRÄCHE PROFESSIONELL VORBEREITEN

Unter einer professionellen und sinnvollen Gesprächsvorbereitung versteht man eine effiziente und effektive Vorbereitung. Sie muss also dem Ziel dienen und damit zusätzlich auch noch wirtschaftlich sein. Das ist wichtig, da sich viele Berater zu lange und unwirtschaftlich oder zu kurz und nicht zielorientiert auf Beratungsgespräche vorbereiten.

Vorbereitung auf das Gespräch

Den größten Fehler, den Sie als Berater in der Vorbereitung auf eine Verkaufs- bzw. Beratungssituation machen können, ist, das gewünschte Beratungsergebnis zu sehr zu antizipieren, also vorwegzunehmen. Sie sollen sich selbstverständlich nicht einreden, dass es diesmal bestimmt auch wieder nicht zu einem Abschluss kommt, aber es ist sehr gefährlich, die Wunschergebnisse vorauszudenken. Sie laufen dabei Gefahr, sich im anstehenden Beratungsgespräch zu sehr auf Ihre eigene Strategie und nicht so sehr auf die Wünsche des Kunden einzustellen. Eine neutrale Analysephase ist bei einer intensiven Vorbereitung, die sehr stark in Lösungsstrategien denkt, so gut wie unmöglich.

Dennoch: Eine Vorbereitung muss sein. Informieren Sie sich über das Unternehmen, das Sie besuchen werden. Machen Sie sich ein wenig mit der Branche vertraut, wenn Sie dies als Spezialist nicht bereits schon sind.

> **Gehen Sie nochmals die Phasen der Kontaktanbahnung durch. Welche wichtigen Informationen haben Sie auf dem Weg bis zum Gesprächstermin schon sammeln können?**

Quellen zur professionellen Vorbereitung gibt es einige.

RECHERCHE- UND VORBEREITUNGSQUELLEN

- Internetseite Ihres Kunden

- Pressearchiv des Kunden

- Internetsuchmaschinen

- Onlinepressedienste

- Geschäftsberichte des Unternehmens

- Image-Broschüren und Produkt-Broschüren des Unternehmens

- Ihre Aufzeichnungen nach telefonischer Terminvereinbarung

- Informationen Ihres Empfehlungsgebers

- Informationen von Mitarbeitern aus früheren Trainings, wenn sie für einen Bereich des Unternehmens bereits gearbeitet haben

- Presse

Und die Klassiker für eine professionelle Vorbereitung vor dem wichtigen Akquisetermin können Sie der folgenden Liste entnehmen:

VORBEREITUNG VON AKQUISE-TERMINEN

- Bereiten Sie eventuell benötigte Unterlagen vor.
- Nehmen Sie mehr als nur eine Broschüre mit, es könnten Ihnen mehrere Gesprächspartner gegenübersitzen bzw. Ihr Gesprächspartner fragt nach weiteren Unterlagen, um sie an einen Kollegen weiterzuleiten.
- Gleiches gilt für Visitenkarten.
- Halten Sie einen Stift und einen Block bereit! Am besten im Design Ihrer Firma.
- Haben Sie die genaue Adresse, kennen Sie die Fahrtroute zu Ihrem neuen Kunden?
- Nehmen Sie in jedem Fall die Telefonnummer Ihres Ansprechpartners mit, für den Fall der Vollsperrung auf der A1.
- In diesem Zusammenhang: Planen Sie ausreichend Pufferzeit für den Weg zu Ihrem Gesprächspartner ein. Nichts ist schlimmer, als beim ersten Gespräch zu spät oder gar nicht zu kommen. Für einen Stau können Sie nichts, für eine knappe Planung jedoch schon.
- Ziehen Sie ruhig Ihren neuesten Businessdress an. Das stärkt das Selbstbewusstsein.
- Achten Sie auf Ihr Äußeres. Sie wissen ja, nach sieben Sekunden hat sich Ihr Kunde bereits ein Bild von Ihnen gemacht. Und da hat Ihr Äußeres nun mal ein großes Gewicht.
- Protzen Sie bei Ihrem ersten Akquisetermin nicht mit Ihrem größten Pilotenkoffer, aber Sie sollten auch nicht die Understatement-Tour fahren und einen Rucksack aus Ihrer Studentenzeit nutzen.

4.3.2 GESPRÄCHSBASIS LEGEN

Das Ziel der ersten Gesprächsphase in einem Gespräch zwischen zwei Menschen oder zwischen zwei Parteien ist ein extrem wichtiges Ziel, welches den gesamten Verlauf des anstehenden Beratungsgesprächs maßgeblich beeinflussen kann:

Sie brauchen eine Gesprächsbasis mit Ihrem Gesprächspartner!

Diese Ziele sollten Sie mit einer guten Einleitung in Ihr Beratungsgespräch verfolgen:

Einleitung in Ihr Beratungsgespräch

- Interesse wecken
- Positive Atmosphäre schaffen – Beziehungsebene herstellen
- Vertrauen und Sympathie aufbauen
- Eventuelles Unbehagen abbauen

Gleiche Wellenlänge

Sie können die anderen Phasen des anstehenden Gespräches noch so sehr beherrschen, Ihr Produkt bzw. Ihre Dienstleistung kann noch so ausgefeilt sein – wenn es Ihnen in der ersten Phase nicht gelingt, mit dem Kunden auf eine gleiche Wellenlänge zu kommen, dann wird es schwierig, einen Abschluss herbeizuführen.

Mit einer guten Gesprächsbasis erwecken Sie das Interesse Ihres potenziellen Kunden

- an Ihrer Person und
- an Ihrer Dienstleistung.

In der extremsten Sichtweise über die zwischenmenschliche Psychologie reichen die ersten sieben Sekunden für den weiteren Verlauf des Gesprächs aus, da sich die meisten Menschen schon in den ersten sieben Sekunden eine Schublade für ihr Gegenüber zurechtzimmern.

Sieht man es ein wenig lockerer, so haben Sie eine gute Chance, in den ersten Minuten einen psychologischen Angleichungsprozess zu Ihrem Gesprächspartner gestalten zu können.

Smalltalk Im Kern wird diese erste Gesprächsphase von einem Oberthema geleitet: dem situativen Smalltalk. Also einem Smalltalk, der sich natürlich aus der jeweiligen Situation ergeben und dieser anpassen sollte.

Angemessen ist dabei fast alles außer den üblichen Floskeln, welche Ihr Kunde schnell durchschauen wird. Die erfolgreichsten Berater beherrschen den situativen Smalltalk wie das kleine 1 x 1.

MÖGLICHKEITEN, SITUATIVEN SMALLTALK ZU GESTALTEN

Offene Fragen

1. Fall

SIE KENNEN SICH NICHT

Im Grunde ist dies die einfachste Form des Smalltalks. Im privaten Umfeld beherrschen Sie diese Form der Unterhaltung beinahe perfekt. Denn wenn Sie auf einen fremden Menschen in einem für Sie oder ihn gewohnten Umfeld treffen, etwa auf der Party eines Freundes, dann werden Sie einen Dialog über das gegenseitige Kennenlernen gestalten. Denn Sie sind sich ja zunächst fremd! Das einzige Kommunikationswerkzeug, das Sie dafür benötigen, ist ein durch Neugierde bestimmtes Fragenrepertoire. Offene Fragen sind ein probates Mittel, um etwas über Ihren Gesprächspartner in Erfahrung zu bringen.

Erzählen Sie auch etwas von sich. Hier an dieser Stelle können Sie bereits in Ihr persönliches Eigenmarketing einsteigen und zum Beispiel

- Etwas über Ihre Philosophie erzählen
- Ihre trainerische Spezialisierung darstellen
- So etwas wie eine ethische Grundeinstellung vermitteln

Leistungsdarstellung

Zwei bis drei Minuten reichen an dieser Stelle, um dem Kunden durch eine effektive Leistungsdarstellung den Nutzen darzulegen, den er von einer Zusammenarbeit mit Ihnen hat. Dabei geht es noch nicht um ein konkretes Angebot!

Ziel des Smalltalks ist die Reduzierung von Unsicherheit, welche sehr oft im Spiel ist, wenn fremde Menschen einander zum ersten Mal begegnen.

2. Fall

SIE KENNEN SICH, HABEN EINEN GEMEINSAMEN ANKNÜPFUNGSPUNKT

Wenn Sie sich kennen, ist eine Vorstellung nicht erforderlich. Sie und Ihr Gesprächspartner sind einander nicht fremd. In diesem Fall gibt es in der Regel genügend Möglichkeiten für den Gesprächseinstieg. Genau diese Situation können Sie im Übrigen auch vorbereiten. Denn ein Blick in Ihr CRM-System verrät Ihnen wichtige Informationen zu den letzten Kontaktpunkten mit Ihrem Gesprächspartner.

Gemeinsamer Anknüpfungspunkt

Vom Smalltalk zum Beratungsgespräch

In dieser Übergangsphase gibt es eine weitere Möglichkeit, Smalltalk zu integrieren. Nutzen Sie diesen Zeitpunkt, um nochmals auf den Anlass des Gespräches und vor allem auf den Weg der Kontaktanbahnung hinzuweisen.

Für die Überleitung in die nächste Phase eines Beratungsgespräches hat sich eine einfache Frage etabliert. Fragen Sie Ihren Kunden nach:

- seinen Erwartungen an das Gespräch und
- nach Fragen, die sich schon im Vorfeld ergeben haben und er gerne heute klären möchte.

Erwartungen an das Gespräch

Oftmals werden Kunden auf diese Fragen keine Antworten haben. Auch gut. Auf diese Weise können Sie unvorbelastet mit der nächsten Gesprächsphase starten. Erläutern Sie Ihrem Kunden in diesem Fall:

- das Gesprächsziel aus Ihrer Sicht,
- den Nutzen, den Ihr Kunde aus dem heutigen Gespräch ziehen kann,
- und holen Sie sich für die weitere Vorgehensweise eine Zustimmung, ein Mandat des Kunden ein.

4.3.3 THEMEN, ZIELE, WÜNSCHE ERFRAGEN

Ihr Kunde wird Ihnen dann eine Dienstleistung abkaufen, wenn er ein Bedürfnis hat, welches Sie durch Ihr Angebot befriedigen können. Von diesem Bedürfnis kann Ihr Kunde bereits etwas wissen oder Sie können es im Beratungsgespräch wecken. Verstehen Sie dabei ein Bedürfnis immer als Lücke zwischen einem heutigen Zustand und einem gewünschten Zustand in der Zukunft.

Ihre Kunden können zum Beispiel die folgenden Bedürfnisse haben:

Bedürfnisse des Kunden
- Mehr Umsatz in der Abteilung XY
- Weniger Fehlzeiten in der Gruppe XY
- Weniger Unfälle in der Arbeitsgruppe XY
- Geschickterer Umgang mit der Software XY
- Bessere Führungsleistung der Führungskraft XY
- Bessere Zusammenarbeit eines Projektteams XY

Herausarbeiten der Bedürfnisse
Gelingt es Ihnen in dieser Gesprächsphase, ein solches Bedürfnis herauszuarbeiten, dann sind Sie nicht mehr weit von einem Abschluss entfernt.

Die wichtigsten Kommunikationsregeln in dieser Gesprächsphase sind:
1. Aktives, emphatisches Zuhören
2. Geschickter Einsatz von Fragetechniken

Hören Sie wirklich zu, wenn Ihr Kunde von seinem Unternehmen, der für ein anstehendes Training betroffenen Abteilung oder von sich selbst erzählt. Zeigen Sie Ihrem Kunden durch die zugewandte Art, Ihre offene Gestik und Mimik und kurze Zustimmung Ihr echtes Interesse. Überlegen Sie sich beim Zuhören nicht schon die nächste Antwortattacke, Sie werden so wichtige Informationen überhören. Verständnisfragen, wie z.B. »*Wenn ich Sie richtig verstehe, dann …*« oder »*Was genau verstehen Sie unter einer …*« zeigen Ihrem Gesprächspartner, dass Sie gedanklich bei ihm sind und versuchen, ihn und seine Sichtweisen zu verstehen.

Kommunikations-
regeln

Fragetechniken

In Büchern zu Vertriebsthemen wird immer wieder das Heil von offenen Fragen diskutiert. Fakt ist jedoch, dass im Sinne einer guten zwischenmenschlichen Kommunikation die meisten Fragearten zulässig sind. Die Klaviatur der Fragetechniken sollten Sie auf jeden Fall beherrschen und auch anwenden. Ein Gespräch, welches nur aus offenen Fragen besteht, ist genauso langweilig wie ein Gespräch, welches ausschließlich auf geschlossenen Fragen aufgebaut ist. Eines ist jedoch unbestritten: Telling is not selling! Sagen Sie niemals etwas, was Sie auch erfragen könnten.

Klaviatur der
Fragetechniken

Es gibt nur wenige Fragetechniken, die Sie vermeiden sollten:
1. WARUM-Fragen, weil Sie Ihren Gesprächspartner zu einer Rechtfertigung auffordern.
2. SUGGESTIV-Fragen, weil diese die Beziehung deutlich stören können.

Die besondere Form der offenen Frage ist die auslösende Frage. Diese fordert Ihren Kunden in der Regel auf, nachzudenken und nicht einfach nur über sich zu erzählen. Mit einer auslösenden Frage können Sie die Dringlichkeit eines Bedürfnisses nochmals deutlich erhöhen.

BEISPIELE FÜR AUSLÖSENDE FRAGEN:

Was vermuten Sie, wird passieren, wenn sich niemand im Unternehmen des Problems annimmt?

Wie sieht aus Ihrer Sicht der Idealzustand nach einer Trainingsmaßnahme aus?

Welches Ziel verfolgen Sie mit einem Coaching?

Diese Fragen helfen, die Lücke zwischen einem heutigen Zustand und der gewünschten Situation nochmals deutlich zu erhöhen. Ihrem Kunden wird die Situation und die Dringlichkeit zu handeln nochmals deutlich vor Augen geführt.

Wenn dem Kunden die Lücke bewusst ist, sollten Sie als Nächstes danach fragen, welche Vorteile und »Erträge« er bzw. das Unternehmen durch das Schließen der Lücke hat.

Lösungsmöglichkeiten In der Überleitung zur nächsten Gesprächsphase fragen Sie nun noch Ihren Kunden, ob er bereits über Lösungsmöglichkeiten nachgedacht hat.

Welche dieser Lösungsmöglichkeiten sind aus Sicht des Kunden in die engere Wahl gekommen, welche Möglichkeiten schließen sich aus?

Diese Übergangsphase ist wichtig. Denn so erfahren Sie, welche Lösungen Sie im Anschluss eher weiterverfolgen sollten und mit welchen Lösungen Sie direkt in ein Fettnäpfchen getreten wären.

DAS FRAGEMÄRCHEN

Seit Generationen wird die platte Aussage weitergereicht, dass die sogenannten »W«-Fragen offene Fragen sind. Also Fragen nach dem Wie, Was, Warum etc.

Offene Fragen werden, so die Theorie, nicht mit »Ja« oder »Nein« beantwortet. Der Antwortende hat die Möglichkeit, ausführlich auf eine »W«-Frage zu antworten. Theorie!

In der Praxis jedoch reicht es nicht aus, nur die Frage zu betrachten. Stellen Sie mal einem extrovertierten Menschen nur geschlossene Fragen. Er wird auf die meisten Fragen ausführlich antworten. Und bei einem introvertierten Menschen kommen Sie mit dieser Situation auch nicht weit:

Berater: Welche Gedanken haben Sie sich bereits über eine
mögliche Umstrukturierung gemacht?
Kunde: Keine!

Fazit: Nicht die Frage an sich entscheidet über eine offene oder geschlossene Gesprächssituation. Die gesamte Transaktion aus Frage und Antwort ist dabei zu beobachten und zu analysieren.

Außerdem kommt es auf die Beziehung zwischen den beiden Parteien und die Mentalität der Gesprächspartner an. Ob jemand auf eine offene Frage auch offen antwortet.

Also: Lassen Sie sich nicht in die Irre führen. Eine offene Frage macht noch keine offene Kommunikationssituation!

4.3.4 GEMEINSAM EINE LÖSUNG ERARBEITEN

Das wichtigste Wort in dieser Kapitelüberschrift ist »gemeinsam«!

Wenn Sie in dieser Phase Ihres Beratungsgesprächs die Chancen auf einen Abschluss nochmals deutlich erhöhen wollen, dann erarbeiten Sie die Lösung mit Ihrem Kunden gemeinsam.

Oft, wenn der Berater seinem Verkaufsprozess und nicht dem Kaufprozess seiner Kunden folgt, schüttet er an dieser Stelle seine Lösungsideen über seinen Gesprächspartner aus. Nicht dass dabei auch eine Menge interessanter und guter Lösungsansätze dabei wären. Dennoch sind es nicht die Lösungen des Kunden. Es sind für den Kunden fremde Lösungen, mit denen er sich anfreunden muss, und damit kommen die meisten Kunden schwer zurecht.

> **Die beste Strategie lautet daher: Erarbeiten Sie die Lösungen gemeinsam mit Ihrem Kunden. Geben Sie ihm das Gefühl, dass er die Lösung aktiv beeinflussen kann und das Angebot am Ende dieses Prozesses keine Konservenlösung ist.**

Bewertungsvorgang Erarbeiten Sie nach Möglichkeit nicht die eine Universallösung. Erarbeiten Sie möglichst eine Lösung, welche aus zwei bis drei Alternativen entsteht. So muss Ihr Kunde bereits in dieser Phase einen Bewertungsvorgang einleiten und sich für die bessere Alternative entscheiden. Es ist ein weiterer Mosaikstein auf dem Weg zu einem »Kauf« durch Ihren Kunden.

Wägen Sie gemeinsam mit Ihrem Kunden die erarbeiteten Alternativen ab. Lassen Sie ihn die Vor- und Nachteile der Lösungen abschätzen. Oftmals gibt es nicht die Lösung, die ohne auch nur den geringsten Nachteil daherkommt. Umso wichtiger ist es, dass der Kunde die Lösung kauft, dann hat er auch gleichzeitig die damit verbundenen Vor- und Nachteile akzeptiert.

Ihre Aufgabe als Berater ist es also in dieser Gesprächsphase,

Lösungsalternativen anbieten

- die Lösungsalternativen zu strukturieren,
- darauf zu achten, dass die Alternativen auch zu den zuvor geschilderten Problemen passen,
- die Vor-, aber auch Nachteile der Lösungsalternativen herauszuarbeiten,
- dem Kunden den Nutzen der einzelnen Lösungen näher zu bringen
- und dabei immer wieder den Kunden mit einzubinden, d. h., die Lösung mit ihm gemeinsam zu entwickeln.

Argumentieren Sie für die einzelnen Alternativen, manipulieren Sie Ihren Kunden an dieser Stelle nicht. Ihr Kunde wird es früher oder später merken und die gesamte Beziehungsarbeit war umsonst!

Visualisieren Sie Ihr Angebot mit Charts, welche Sie in Ihrem Beratungsordner haben bzw. welche Sie gemeinsam mit dem Kunden auf einem Blatt entwickeln (Pencil-Selling).

Sprechen Sie die verschiedenen Sinneskanäle an. Formulierungen wie

- Stellen Sie sich vor, ...
- Welche Möglichkeiten sehen Sie ...
- Was schmeckt Ihnen an dieser ...
- Na, das riecht doch nach Erfolg

helfen Ihnen dabei.

Wenn einzelne Module der nun erarbeiteten Lösung bereits von Ihnen durchgeführt wurden, dann ist es an dieser Stelle auch angebracht, »Beweise« für Ihre Qualität zu liefern. Hier schließt sich der Kreis zu Ihren Marketing- und PR-Aktivitäten.

Hier wird klar, warum Aussagen von Teilnehmern auf einem Feedbackbogen nicht nur für Ihre bestehenden Kunden von Interesse sind. »Beweise« können demnach sein:

- über Sie oder von Ihnen veröffentlichte Artikel
- ein von Ihnen geschriebenes Buch zu dem Thema
- Testberichte
- Testimonials von Kunden bzw. Teilnehmern

Sie können Ihre Argumente für das erarbeitete Angebot aber auch durch neutrale Fachartikel und Marktforschungsberichte unterstreichen.

Das wichtigste Ziel in dieser Gesprächsphase ist es, dass Ihr Kunde einen Nutzen aus Ihrem Angebot für sich, die möglichen Teilnehmer und sein Unternehmen ableiten kann. Nur wenn Ihnen das gelingt, dürfen Sie die nächste Gesprächsphase einläuten.

Jetzt und genau jetzt ist es auch an der Zeit, den Preis für Ihre Dienstleistungen zu nennen. Der psychologisch beste Zeitpunkt ist also, wenn Ihr Kunde an dieser Stelle die Lösung mit Ihnen erarbeitet hat, er eine Alternative unter dem Prozess des Abwägens ausgewählt hat und er den Nutzen aus dieser Lösung eindeutig für sich bestimmen kann und er noch nicht selber nach dem Preis gefragt hat.

Preisgespräch   Können Sie diesen Zeitpunkt also für sich nutzen, so ist Ihr »Standing« zum Thema Preisgespräch perfekt.

Müssen Sie auf die Preisfrage des Kunden reagieren, sind Sie meist in einer schlechteren Position!

Dennoch, egal, ob Sie den »Honorarstein« ins Rollen bringen oder der Kunde Sie fragt, eines ist wichtig: Stehen Sie zu Ihrem Preis. Zögern Sie nicht bei der Nennung Ihres Honorars. Je unsicherer Sie wirken, desto eher wittert Ihr Kunde die Chance, mit Ihnen zu feilschen.

Und mindestens für die Verkaufstrainer unter Ihnen gilt hier an dieser Stelle auch wieder das Gebot des Vorlebens. Wenn Sie an dieser Stelle im Preis einknicken, wie soll dann Ihr Kunde ein gutes Gefühl haben, dass Sie seinen Teilnehmern die richtige Strategie zum Thema »*Preisgespräche führen können*« vermitteln können?

Es gibt Kunden, die ein Rabattgespräch nur aus diesem einzigen Grund mit Ihnen führen: Um Sie zu testen, wie preisstabil Sie selber sind!

4.3.5 MÖGLICHE ZWEIFEL DES KUNDEN BERÜCKSICHTIGEN, AUF KAUFWIDERSTÄNDE EINGEHEN

Für die meisten Verkaufstrainer ist jetzt genau an dieser Stelle im Gespräch die Zeit für die gute alte Einwandbehandlung gekommen.

Einwandbehandlung

Und ohne Ihnen auf die Füße treten zu wollen: Einwand!

Zunächst müsste es ja korrekt Vorwandbehandlung heißen. Vorwände sind Aussagen des Kunden, die er vorschiebt, die aber nicht stimmen. Beispiel: »*Ich habe keine Zeit*«, wenn der Kunde sehr wohl Zeit hat.

Vorwandbehandlung

Einwände hingegen sind eine berechtigte Rückfrage oder eine Forderung des Kunden an seinen Gesprächspartner. Beispiel: *»Könnten Sie mir vorab Unterlagen schicken«*, weil sich der Kunde vor den ersten Gesprächen ein Bild von der Marktsituation machen will.

Wenn Sie diese beiden Beispiele sorgfältig gelesen haben, dann fällt Ihnen auf, dass beide Beispiele sowohl Einwand als auch Vorwand sein können. Und genau da liegt die Schwierigkeit dieser Kommunikationssituation.

Formulieren Sie die jeweilige Erklärung der beiden Beispiele für sich um.

Statt also den Widerstand des Kunden durch eine »Behandlung« zu überwinden, sollten Sie begreifen, warum der Kunde diesen Einwand oder Vorwand in das Gespräch einbringt.

> **Techniken zur Einwandbehandlung brauchen Sie, wenn Sie bis hierhin dem Kaufprozess des Kunden gefolgt sind, sehr selten. Nur wenn Sie bis hierhin an Ihrem Kunden vorbeigearbeitet haben, wird sich dieser mit Vorwänden ins Gespräch zurückmelden.**

Denn wenn Sie bis hierhin immer noch auf der gleichen Beziehungsebene mit Ihrem Kunden sind, wird er keine Vorwände rauskramen, um Sie zu ärgern. Wenn Sie eine korrekte Analyse seiner Unternehmenssituation vorgenommen haben, dann braucht er keine Einwände gegen Ihr Angebot vorzubringen.

Wenn Sie ihn dann auch noch in die Erarbeitung einer Lösung integriert haben, warum sollte er das Gespräch nun mit Vorwänden oder Einwänden wieder an den Anfang zurückschießen?

Und dennoch gibt es an dieser Stelle hin und wieder – aber wie gesagt selten – noch Zweifel des Kunden an einem Abschluss. Das liegt in der Regel an dem möglichen Risiko einer Fehlentscheidung!

Risiko einer Fehleinschätzung

Und das ist in unserer Branche natürlich nicht von der Hand zu weisen. Der gewünschte Erfolg einer Trainings-, Coaching- oder Beratungsleistung lässt sich nicht am Tag der Unterschrift direkt sehen, messen und erreichen!

Den Beweis für Ihre Qualitätsaussagen können Sie erst in einigen Tagen oder Wochen antreten. Zudem ist in der Regel die Mitarbeit der Mitarbeiter gefordert. Sie alleine können den Erfolg nicht verantworten. Der Integrationsgrad des Kunden in die von Ihnen erstellte Dienstleistung ist also als extrem hoch anzusehen.

Referenzen einsetzen

Wenn Ihr Kunde noch Zweifel an Ihrem Angebot hat, können Sie es so ganz aus den genannten Gründen nicht ausräumen. Wenn Sie jedoch den einen oder anderen Zweifel merken (Körperhaltung, mehrmaliges Nachfragen, Unsicherheit etc.), dann sollten Sie in dieser Phase nochmals Ihre Referenzen anführen – und zwar echte Referenzen. Es hilft nicht, wenn Sie Anbieter von offenen Seminaren sind und einmal einen Teilnehmer von Siemens hatten, Siemens als Referenzfirma zu nennen.

Referenzen

Eine Referenz ist dann für den Kunden wertvoll, wenn sich diese auf ein Projekt bezieht und mit einem Namen verbunden ist. Noch besser mit einer Telefonnummer, unter welcher Ihr Kunde diese Referenz sogar überprüfen kann.

Nochmals aus dem Mund eines Teilnehmers, eines Projektleiters, des Personalchefs oder des Coachs etwas über Ihre Arbeit zu erfahren kann erheblich zur Senkung der Unsicherheit beitragen.

Daher: Fragen Sie Ihre Kunden, ob sie namentlich auf einer solchen Referenzliste erscheinen dürfen. Und sammeln Sie nicht zehn Jahre an einer solchen ewig langen Liste herum. Zwei bis drei Referenzen zu dem Projekt, was nun bei dem neuen Kunden angedacht ist, reichen völlig aus.

Unterbreiten Sie einem potenziellen Kunden auf selbstbewusste Weise das Angebot, einen Kunden anzurufen, so ruft dieser meist nicht einmal mehr bei dieser Referenz an.

Die Auflistung der eigenen Weiterbildung ist eine weitere Möglichkeit, einen Qualitätsbeweis bei Ihrem Kunden zu hinterlassen und damit Ängste zu minimieren.

Auftreten Und auch wenn es keiner hören bzw. lesen will: Ihr Auto, Ihr Businessdress, Ihre Uhr und Ihr Kugelschreiber sind zum einen Statussymbole, zum anderen deuten Sie auf Ihren Erfolg hin. Bitte nicht falsch verstehen und nun erst zur Bank und dann ins Autohaus laufen, all diese Dinge gilt es unter betriebswirtschaftlichen Erwägungen zu kaufen und nicht unter akquisitorischen Erwägungen. Dennoch, auch hier spielt die Psychologie ein Spiel mit Ihren Kunden. Und der Kreislauf ist oftmals der gleiche: teures Auto, also umsatzstark, umsatzstark, also erfolgreich, erfolgreich, dann muss auch die Qualität stimmen. All das stimmt nicht immer in beide Richtungen dieses Kreislaufs, aber unterschätzen sollten Sie diesen Regelkreislauf auch nicht.

Verfügbarkeit Als Letztes ist auch Ihre Verfügbarkeit ein Qualitätssurrogat, konkreter Ihre Nicht-Verfügbarkeit! Wenn Sie Ihrem Kunden bereits in der nächsten Woche für ganze fünf Tage zur Verfügung stehen könnten, dann ist das ein Beweis für eine nicht so gute Auslastungslage.

Sich rar machen war schon immer eine gute Verkaufs-strategie. Also niemals zu schnell Ihrem neuen Kunden zur Verfügung stehen!

Verkaufen hat sich gegenüber früheren Ansichten deutlich verändert. Heute gilt es nicht mehr Einwände zu bearbeiten, den Kunden an die Wand zu reden oder Widerstände zu brechen. Verstehen Sie eine Sorge, die der Kunde an dieser Stelle äußert oder andeutet, als eine völlig normale Reaktion. Verstehen Sie es als positives Signal, dass Ihr Kunde sich mit Ihnen und Ihrem Angebot beschäftigt. Wenn er Ihre Dienstleistung gänzlich nicht bräuchte, dann bräuchte er auch keine Bedenken zu formulieren. So gesehen ist es auch eine Abschlusschance, wenn der Kunde offen über seine Zweifel erzählt. Und zwar dann, wenn Sie ihn ernst nehmen und auf ihn eingehen.

4.3.6 EINE BEIDERSEITIGE PARTNERSCHAFT EINGEHEN

»Eine beiderseitige Partnerschaft eingehen« kann man auch ganz einfach ausdrücken: der Abschluss. Leider hat die Bezeichnung »Abschluss« für das Zustandekommen eines Vertrages etwas sehr Hartes und Endliches. Ein Vertrag ist jedoch alles andere als das Ende. Der Abschluss ist ja eigentlich erst der Anfang.

Wenn Ihre Beziehung an dieser Stelle immer noch intakt ist, wenn Sie die Zweifel des Kunden auflösen konnten, dann wird Ihr Kunde nun eine selbstständige Kaufentscheidung treffen können!

Selbstständige Kaufentscheidung

Die Phasen im Abschlussgespräch

Nutzen Sie diese Phase für eine kurze Zusammenfassung. Stellen Sie wesentliche Merkmale, die der Kunde als für ihn wichtig erachtet hat, nochmals heraus.

Und dann: Haben Sie Mut zu schweigen. Und da können 20 Sekunden wie eine Ewigkeit wirken. Bedenken Sie, Sie stecken in der Materie tagtäglich drin, Ihr Kunde nicht. Er braucht tatsächlich ein wenig Zeit. Der größte Fehler, den Sie jetzt begehen können, wäre, Ihr Angebot kaputtzureden.

Angst vor einer Fehlentscheidung

Das passiert aber leider sehr häufig, weil nun die Psychologie auf Ihrer Seite wirkt. Und zwar die Angst eines Beraters, an dieser Stelle zu versagen bzw. über den Verlauf des Beratungsgesprächs hinweg versagt zu haben und nun vom Kunden zurückgewiesen zu werden. Das heißt, nach der Phase, in welcher der Kunde die Angst vor einer Fehlentscheidung hat, folgt unmittelbar eine Phase, in welcher der ein oder andere Berater von Ängsten geplagt ist.

Wenn Sie jedoch mit Ihren Handlungen dem Prozess des Kunden bis hierher gefolgt sind und perfekte Beziehungsarbeit geleistet haben, dann brauchen Sie diese Angst nicht zu haben. Was nicht heißen soll, dass Sie zukünftig jedes Geschäft machen können. Lassen Sie Ihren Wettbewerbern auch noch was übrig!

Gehen Sie in der Phase des Schweigens nochmals die einzelnen Phasen Ihres Gespräches durch. Haben Sie alles richtig gemacht?

Fragen nach dem Kundenauftrag

Wenn ja, dann können Sie nach 20 bis 30 Sekunden auch ruhig die Fragen nach dem Kundenauftrag stellen. Sie haben sie sich sozusagen verdient.

Gute Fragen an dieser Stelle könnten sein:

> **?**
> - Was brauchen Sie noch von mir, um eine Entscheidung zu treffen?
> - Welches sind aus Ihrer Sicht die nächsten Schritte in diesem Prozess und wie kann ich Sie dabei unterstützen?

In Anschluss gibt es zwei Situationen: einen Auftrag oder keinen Auftrag.

Und selbst wenn der Kunde aktuell keine Möglichkeit sieht, dass Sie für ihn tätig werden können, sollten Sie diese Entscheidung nicht final sehen. Runden Sie Ihr Gespräch dennoch ab und fragen Sie, ob Sie Ihren Gesprächspartner in gewissen Abständen mit Informationen versorgen dürfen. So bleiben Sie mit ihm in Kontakt.

In Kontakt bleiben

Wenn der Kunde Ihnen einen Auftrag erteilt oder ein konkretes Angebot von Ihnen abfordert, dann sind Sie am Ziel. Doch so einfach ist das in Ihrer Branche mal wieder nicht. In der Regel bekommt der Kunde nach einem ersten Gespräch ein Angebot von Ihnen.

Und wenn Ihr Kunde Ihnen dann endlich einen konkreten Auftrag erteilt, auch dann ist die akquisitorische Arbeit mit diesem Kunden nicht beendet. Es gibt zwar Stornofristen und die Möglichkeit der schriftlichen Verträge, aber im Grunde kann ein Kunde jederzeit den Auftrag mit Ihnen beenden.

Das wiederum bedeutet, dass die akquisitorische Arbeit an dieser Stelle erst so richtig anfängt. Verstehen Sie den Vertrag mit Ihrem Kunden als zweiseitig verpflichtendes Rechtsgeschäft. Nur wenn Sie ab jetzt gute Arbeit abliefern und den Einsatz geeigneter Kundenbindungsinstrumente beherrschen, werden Sie aus einem Kunden einen Stammkunden und aus einem Stammkunden einen loyalen Kunden machen.

Der Stammkunde bringt Ihnen nämlich »nur« Umsatz. Der loyale Kunde bringt Ihnen durch Empfehlungen neue Kunden!

Loyale Kunden

4.3.7 BETREUUNG UND EMPFEHLUNG

Diese Phase gehört in Ihrem Business in der Regel nicht mehr in das Erstgespräch hinein. Ein Kunde kann Ihnen jetzt noch keine Empfehlung aussprechen, denn das wird er nur tun, wenn er von Ihrer Leistung überzeugt ist, also nachdem er bzw. seine Mitarbeiter Sie als Trainer erlebt haben, er einen Beratungsauftrag mit Ihnen abgewickelt hat oder er Ihr Coaching in Anspruch genommen hat.

Professionelles Empfehlungsmanagement

Und weil dies so ist, haben wir diesem Thema ein eigenes Kapitel gewidmet: professionelles Empfehlungsmanagement.

Jetzt, an dieser Stelle beginnt auch der Einsatz Ihrer Kundenbindungsinstrumente. Warten Sie nicht zu lange mit dem Nutzen der von Ihnen ausgewählten Tools und Instrumente. Je länger Sie warten, desto einfacher hat es Ihr Wettbewerber, bei Ihrem Kunden Fuß zu fassen.

4.4 PROFESSIONELLE ANGEBOTSERSTELLUNG

Kaum ein Punkt ist in der Akquisition wichtiger als der Zeitpunkt, an dem der potenzielle Kunde Ihr Angebot in den Händen hält. Doch was bekommt er von Ihnen? Einen Angebotstext auf einer Seite per Fax oder E-Mail? Auch wenn Ihr Kunde dies so wünscht, sollten Sie das akquisitorische Potenzial eines guten Angebotes niemals unterschätzen.

Stellen Sie sich die Situation einmal bildlich vor: Ein Kunde erhält von vier verschiedenen Trainern per E-Mail ein Kurzangebot. Welches Kriterium wird er für die Entscheidung wohl nehmen? Natürlich den Preis, denn er hat ja kein anderes mehr. Die Leistungen hat er vermutlich mit Ihnen bereits im Vorfeld definiert, er findet Sie vermutlich genauso sympathisch wie die anderen Trainer auch und Ihre E-Mail-Signatur beinhaltet dieselben Informationen wie die Ihrer Wettbewerber. Sie sind also genau in der Situation gelandet, wo Sie auf keinen Fall hinsollten. Sie sind im Preiswettbewerb.

4.4.1 ARGUMENTATIVER AUFBAU

Ein Angebot fixiert nochmals schriftlich Ihre Positionierung, die Sie beim Kunden aufgebaut haben. Es sollte daher zu Ihnen passen. Achten Sie bei der Gestaltung eines Angebotes daher auf folgende Positionen:

Aufbau des Angebots

Ausgangssituation

Ihr Angebot sollte eine kurze Beschreibung der Ausgangssituation beinhalten. Sie stellen damit dem Kunden Ihre Kompetenz zuzuhören nochmals dar. Außerdem verhindern Sie, damit später Absagen zu erhalten wie zum Beispiel: *»So haben wir uns das aber nicht vorgestellt«, »Wir haben aber eigentlich einen anderen Bedarf«.* Dies ist auch von elementarer Bedeutung, wenn Sie die Vorgespräche mit einer anderen Person als dem Entscheider geführt haben. Der Entscheider sieht anhand Ihres Angebotes noch mal Ihren Informationsstand.

Ausgangssituation

Ziele

Im nächsten Abschnitt Ihres Angebotes sollten die Ziele des Trainings bzw. der Nutzen für den Kunden klar formuliert werden. Sie dokumentieren damit nicht nur den Status quo, sondern auch die Ziele der Maßnahmen, an denen Sie sich und Ihre Leistung später messen lassen können.

Ziele des Trainings

Vorgehensweise

Vorgehensweise Ihre Vorgehensweise sollte dann in einem dritten Abschnitt aufzeigen, wie Sie die Teilnehmer vom Status quo hin zum Ziel entwickeln möchten. Eine konkrete Gliederung oder Struktur des Trainings gibt Ihrem Kunden dann einen Überblick zum Thema.

Zielgruppe / Teilnehmer

Zielgruppe Für wen bieten Sie das Training an? Sie sollten die Zielgruppe möglichst genau definieren. Auch kritische Fälle sollten Sie dabei aktiv abgrenzen: Darf der Vorgesetzte der Mitarbeiter anwesend sein? Wie viel Teilnehmer akzeptieren Sie (2 bis 100)? Welche Vorbildung sollten die Teilnehmer haben? Wie gehen Sie damit um, wenn statt der geplanten acht Teilnehmer plötzlich 16 Teilnehmer im Training sind?

Ergänzende Unterlagen

Serviceleistungen Bieten Sie ergänzende Serviceleistungen im Training an? Videotrainings, Ordner, Bücher, Trainingsmaterialien, Fotoprotokoll ... Schreiben Sie diese Punkte auf jeden Fall in das Angebot hinein, um damit Ihren Zusatznutzen auch deutlich zu kommunizieren. Und sollte später Ihr Kunde mit Ihnen über Preise verhandeln, dann können Sie ja im Gegenzug diese Nebenleistungen auch wieder streichen. Im Übrigen lassen sich diese Dinge auch schön visualisieren.

> **Wer sagt eigentlich, dass Ihr Angebot nur aus Text bestehen muss? Bilder sind »schnelle Schüsse ins Gehirn«, bleiben haften und machen Ihr Angebot unverwechselbar.**

Seminarort

Wo soll das Training durchgeführt werden? Wer ist für die Buchung zuständig? Was sind Ihre Anforderungen an einen passenden Raum? Welche Materialien benötigen Sie? Würden Sie es auch akzeptieren, wenn das Seminar im Besprechungsraum des Unternehmens stattfindet?

EIN BEISPIELTEXT:

Falls die Veranstaltung in den Räumen des Auftraggebers stattfindet, sorgt dieser für die notwendige Ausstattung der Räumlichkeiten, damit eine konstruktive und effiziente Gestaltung des Workshops nicht gefährdet wird. Es ist seitens des Auftraggebers dafür zu sorgen, dass arbeitsplatzbedingte Störungen der Workshopteilnehmer unterbleiben.

Folgende technische Ausstattung wird benötigt:
- Leinwand
- Beamer
- Flipchart
- Stellwände
- Moderationskoffer

Zeitliche Verzögerungen aufgrund unzureichender Ausstattung hat der Auftraggeber zu tragen.

Trainer

Wer sind Sie? Sie sollten in Ihrem Angebot zusätzlich eine Kurzvita von sich einstellen. Unter Umständen wird Ihr Angebot an Dritte weitergereicht, die Sie noch nicht kennen. Mithilfe der Kurzvita stellen Sie sich bei diesen Personen auch nochmals vor. Aber stellen Sie bitte niemals einen tabellarischen Lebenslauf in das Angebot ein. Sie sind kein Bewerber für eine Azubistelle. Begeben Sie sich niemals freiwillig in diese Position. Sie erniedrigen Ihre Verhandlungsposition nur unnötig.

Kurzvita

Zeitpunkt

Falls Sie in der Vorbesprechung bereits Termine fixiert haben, dann sollten Sie diese auch im Angebot vorschlagen. Falls Sie mit Unterrichtsstunden arbeiten (45 Min.), dann sollten Sie ausdrücklich darauf hinweisen. Auch wenn es für Sie selbstverständlich ist, für Ihren Kunden ist dies nicht der Regelfall. Und ein Kunde, der Ihnen die Rechnung um 25 % kürzt, weil Sie aus seiner Sicht nicht die versprochenen acht Stunden geliefert haben, den möchte man auch nicht haben.

4.4.2 DIE HONORARFRAGE

Ihr Honorar sollte in Ihrem Angebot nicht untergehen. Aber ein Text wie zum Beispiel: *Honorar = 2100 Euro* reicht auf keinen Fall aus. Bringen Sie Ihr Honorar in eine für den Leser relevante Relation: Die 2100 Euro können auch so relativiert werden:

16 Unterrichtsstunden (45 Min.)	à 131,25 €	Gesamt 2100 €
2-Tages-Training (14 Teilnehmer pro Tag)	à 75 €	Gesamt 2100 €

Stellen Sie Ihr Honorar als etwas völlig Selbstverständliches dar und fangen Sie nicht sofort an, Preisnachlässe anzubieten. Ein Satz wie: »*Falls Ihr Budget nicht reicht, dann können wir am Honorar auch noch was machen*«, lädt Ihren Kunden zu Preisdrückerei ein.

Vergessen Sie auf keinen Fall einen Satz wie:

> Die aufgeführten Preise verstehen sich **zuzüglich** Reisekosten und Spesen sowie **zuzüglich** der gesetzlichen Mehrwertsteuer.

Sonstige Kosten

Neben dem reinen Honorar fallen noch weitere Kosten an, die im Angebot berücksichtigt werden sollten. Vergessen Sie Reisekosten, Übernachtungskosten und sonstige Materialien nicht.

Zu diesen Kosten gibt es unterschiedliche Meinungen. Einige Kunden möchten einen Komplettpreis genannt bekommen, der alle Komponenten beinhaltet. Andere Kunden wiederum möchten diese Kosten aufgesplittet haben. Fragen Sie ruhig die Bedürfnisse Ihrer Kunden vorher ab. Denn nichts ist unangenehmer als ein Kunde, dem Sie im Angebot Ihr Honorar von 2100 Euro genannt haben, der sich auf diesen Betrag einstellt und hinterher eine Rechnung über 3340 Euro erhält, weil Reisekosten, Übernachtungen und Zusatzmaterialien den Betrag erhöhen. Sie können zwar argumentieren: *»Stand doch im Angebot.«* Aber vergessen Sie bitte nie: Die Rechnung ist oftmals der letzte Kontakt mit einem Kunden. Wollen Sie dort einen schlechten Nachgeschmack erzeugen?

Komplettpreis

BEISPIELTEXT FÜR EIN ANGEBOT:

Die Spesen werden nach tatsächlichem Aufwand abgerechnet. Hier gelten nachfolgende Grundsätze:

Anreise:
Die Anreise erfolgt mit der DB IC 2. Klasse. Sollte es notwendig sein, einen Leihwagen zu nutzen, wird die Kategorie VW Passat oder Audi A4 gebucht. Bei Anreise mit PKW werden 0,40 € pro gefahrenem Kilometer berechnet.

Hotels:
Der Standardtarif wird 130,00 € pro Nacht für ein EZ nicht überschreiten. Ausgenommen sind Messezeiten, Kongresse oder andere Veranstaltungen. Für Aufenthalte, die länger als vier Wochen en bloc dauern, ist vorgesehen, im Vorfeld einen

besonderen Tarif mit einem Hotel respektive mit einem Apparte-
menthotel auszuhandeln. Der Auftraggeber wird gegebenenfalls
auf die Möglichkeit der Nutzung von Firmentarifen des Auftraggebers in Kenntnis setzen.

Material:
Arbeitsmaterialien für die Dokumentation werden nach Aufwand abgerechnet.

4.4.3 AGB – DAS KLEINGEDRUCKTE

Kleingedrucktes Das sogenannte Kleingedruckte ist nichts anderes als ein Auszug
Ihrer Allgemeine Geschäftsbedingungen, AGB, und daher in al-
len Angeboten unbedingt zu berücksichtigen. Wie gehen Sie mit
Stornierungen, Urheberrechten, Zahlungsmodalitäten um? Hierzu gibt es konkrete Anforderungen, die meisten Trainer machen
sich erst dann darüber Gedanken, wenn es einmal mit Urheberrechten, Stornierungen etc. Probleme gegeben hat.

> **Auch die Bindefrist des Angebotes sollten Sie auf jeden Fall
> beachten. Sonst kommt irgendwann einmal ein Kunde mit
> einem Angebot an, das schon drei Jahre alt ist, Sie aber auf-
> grund Ihrer erfolgreichen Positionierung zwischenzeitlich
> Ihre Konditionen deutlich erhöht haben.**

Kündigung

Unabhängig vom Vertragsende durch Zeitablauf bleibt die Möglichkeit einer außerordentlichen Kündigung aus wichtigem Grund unberührt. Die außerordentliche Kündigung aus wichtigem Grund hat schriftlich zu erfolgen.

Stornierung

Bei Stornierung des Auftrages sind zunächst von beiden Seiten alle Möglichkeiten für die Suche nach alternativen Lösungen zu nutzen. Gelingt dies nicht und erfolgte die Stornierung innerhalb von 14 Tagen vor der Durchführung, sind 50 % der Gesamtkosten sowie 100 % der bereits realisierten Leistungen zu begleichen. Erfolgt die Stornierung weniger als drei Tage vor der Durchführung, dann sind sämtliche Kosten zu begleichen.

Treuepflichten

Die eingesetzten Trainer verpflichten sich, über alle während ihrer Tätigkeit bekannt gewordenen Geschäfts- und Betriebsgeheimnisse während und nach Beendigung des Vertragsverhältnisses Stillschweigen zu bewahren. Wir verpflichten uns, während der Dauer des Vertragsverhältnisses nicht für ein Unternehmen tätig zu sein, das mit dem Auftraggeber im direkten regionalen Wettbewerb steht. Die Tätigkeit bei einer Körperschaft des öffentlichen Rechts bleibt unberührt. Dies gilt auch innerhalb von drei Monaten nach Beendigung des Vertrages, unerheblich, ob dieser durch Zeitablauf oder durch Kündigung beendet wurde.

Urheberrechte

Der Auftraggeber erhält im Rahmen der Beratungstätigkeit Präsentationen, Konzepte und grundlegende Ideen. Alle Rechte verbleiben diesbezüglich beim Auftragnehmer. Die erstellten Unterlagen sind nur für den Gebrauch durch den Auftraggeber und die von ihm beauftragten Mitarbeiter entsprechend dem Auftrag bestimmt. Die Verteilung an Dritte und Vervielfältigung zum Zwecke der Weitergabe an Dritte ist nur mit vorheriger schriftlicher Zustimmung möglich. Eine Weiterveräußerung der Konzepte, Ansätze und grundlegenden Ideen ist ausdrücklich nicht gestattet.

Sonstiges

In diesem Angebot sind sämtliche Rechte und Pflichten der Vertragsparteien geregelt. Sonstige Vereinbarungen bestehen nicht. Änderungen sind nur in Schriftform und bei Bezugnahme auf dieses Angebot wirksam und beiderseitig zu unterzeichnen. Die zugehörigen Nachträge sind bei Unterzeichnung Bestandteil der vorliegenden Vertragsbedingungen. Der Gerichtsstand für alle Streitigkeiten aus dem Vertrag ist, soweit vereinbart, der zuständige Gerichtsort des Auftragnehmers in Köln. Sollten einzelne Bestimmungen dieser Bedingungen nicht rechtswirksam sein oder ihre Rechtswirksamkeit durch einen späteren Umstand verlieren oder sollte sich in diesen Bedingungen eine Lücke herausstellen, so wird hierdurch die Rechtswirksamkeit der übrigen Bestimmungen nicht berührt. Anstelle der unwirksamen Vertragsbestimmungen oder zur Ausfüllung der Lücke soll eine angemessene Regelung gelten, die, soweit rechtlich möglich, dem am nächsten kommt, was die Vertragsparteien gewollt haben würden, sofern sie diesen Punkt bedacht hätten.

Angebotsbindefrist

Dieses Angebot gilt bis zum 01.01.2005.

»Kleider machen Leute« und *»Angebote machen Umsatz«.* Unterschätzen Sie nie den äußeren Eindruck. Ein Angebot für eine hochwertige Leistung sollte auch hochwertig sein. Tippfehler sind dabei genauso unentschuldbar wie schlecht kopierte Seiten oder eine schlampige E-Mail.

> **Auch wenn dem Kunden ein Angebot per E-Mail reicht: Schicken Sie ihm ein gedrucktes Exemplar zu. Unter Umständen sind Ihre Wettbewerber nicht auf diese Idee gekommen und Sie sind der Einzige, der auf dem Schreibtisch des Entscheiders tatsächlich physisch liegt.**

SO SIEHT EIN ANGEBOT MIT STARKEM NUTZTEIL AUS

1 Anschreiben (1 Seite)
2 Deckblatt (1 Seite)
3 Kurzzusammenfassung (1 Seite)
4 Status quo/Ausgangssituation (0,5 Seiten)
5 Ziele des Trainings (0,5 Seiten)
6 Teilnehmer/Zielgruppe (0,5 Seiten)
7 Vorgehensweise (1–2 Seiten)
8 Honorar (1 Seite)
9 AGB/Kleingedrucktes/Formalien (2 Seiten)

4.4.4 ANGEBOTE DURCHSETZEN: PREISFINDUNG UND KONDITIONEN

Die Festlegung von Preisen und Konditionen ist ein sehr wichtiges Thema für einen Trainer. Setzen Sie Ihr Honorar zu niedrig an, dann nutzen Sie nicht die Potenziale, die der Markt hergibt. Falls Ihr Honorarsatz zu hoch ist, kalkulieren Sie sich aus dem Markt. Das nachfolgende Beispiel zeigt, wie Sie eine erste überschlagsmäßige Kalkulation Ihres möglichen Honorars (Tagessatzberechnung) erstellen können:

Honorarsatz

- Wie viele Tage können Sie im Jahr trainieren?

  _____

- Welches Gehalt würden Sie bei einer Festanstellung erhalten?

  _____

Diese beiden Fragen sind für eine überschlagsmäßige Berechnung Ihres Honorars oft ausreichend: Unterstellen wir einfach, dass Sie ca. 100 Tage im Jahr trainieren können; dieser Wert

Gehalt in einer Festanstellung

kristallisiert sich zurzeit als Branchendurchschnitt heraus. Unterstellen wir weiterhin, dass Ihr Gehalt in einer Festanstellung ca. 50 000 Euro betragen würde. Als selbstständiger Trainer müssen Sie sich noch selbst versichern und auch den Arbeitgeberanteil für Ihre Rentenversicherung übernehmen. Zudem sollten Sie Ihr unternehmerisches Risiko berücksichtigen.

Damit kommen wir zum Beispiel auf ein Zielgehalt von 70 000 Euro, das Sie in 100 Trainingstagen realisieren müssen. Ihr Honorar sollte daher 700 Euro pro Tag nicht unterschreiten.

Kalkulationen absichern

Um ein sicheres Gefühl für die Kalkulation zu erhalten, sollten Sie sich den Markt etwas näher anschauen. Der Markt für Trainings, Beratungs- und Coachingleistungen lässt sich mithilfe des Preises in verschiedene Segmente einteilen.

Preissegmente erkennen und zur Kalkulation nutzen

Es existiert zunächst ein Preissegment, das sich auf einem Niveau von 16 bis 40 Euro pro Stunde bewegt. Dieses Segment wird von Nachfragern aus der öffentlichen Hand definiert. Volkshochschulen, Fachhochschulen oder Universitäten bezahlen Ihren Lehrenden diese Honorarsätze. Auch Bildungsträger, die Qualifizierungsmaßnahmen anbieten, zahlen in diesem Segment. Da diese Anbieter in der Regel gemeinnützig sind, wird auf diese Stundensätze auch keine Mehrwertsteuer aufgeschlagen. Ein Trainer sollte sich jedoch nicht weismachen lassen, dass diese Stundensätze fest sind. In der Regel gibt es immer noch die Möglichkeit, über Zulagen wie Fahrtgeld oder Vergütungen für Unterlagen weitere Einnahmequellen zu erschließen.

Preissegmente Ein weiteres Preissegment reicht von 400 bis 800 Euro Tagessatz. Diese Angebote werden in der Regel von privaten Bildungsanbietern offeriert, die die Leistungen des Trainers in Form von offenen oder geschlossenen Seminaren weiterverkaufen. Das heißt, wenn Sie mit Traineragenturen oder größeren Anbietern von offenen Seminaren zusammenarbeiten, dann werden Sie in der Regel mit solchen Konditionen konfrontiert. Aber auch hier sind Verhandlungsspielräume gegeben.

Das anschließende Segment bewegt sich zwischen 900 und 1500 Euro. Diese Tagessätze lassen sich realisieren, wenn der Trainer Unternehmen direkt anspricht. Ohne einen dazwischengeschalteten Vermittler bewegen sich dann die Konditionen auf einem anderen Niveau. Allerdings steigen dann auch die Aufwendungen für die Kundenbetreuung und die Akquisition dieser Kunden.

Ein nicht unerheblicher Teil der Trainer und Berater realisiert auch noch Honorarsätze über 1500 Euro. Diese Tagessätze sind dann regelmäßig mit einer Spezialisierung verbunden, für die der Kunde bereit ist, deutlich mehr zu bezahlen.

Es kommt allerdings auch darauf an, was Sie schulen. Eine Schulung zu WINWORD wird meist weniger einbringen als ein Coaching für einen Topmanager.

Ermittlung des Honorarsatzes

Neben der ersten überschlagsmäßigen Kalkulation können Sie generell auf drei verschiedene Arten Ihren Honorarsatz ermitteln. Einen kostenorientierten Ansatz, einen wettbewerbsorientierten oder einen kundenorientierten Ansatz.

Beginnen wir mit dem kostenorientierten Ansatz: Jeder Trainer oder Berater hat Kosten, die er mit seiner Berufstätigkeit abdecken muss. Die nachfolgende Tabelle zeigt ein Kalkulationsschema, mit dem Sie Ihre größten Kostenblöcke identifizieren kön-

Kostenorientierter Ansatz

nen: Dabei wird in dieser Tabelle grundsätzlich unterschieden zwischen Einzelkosten und Gemeinkosten. Einzelkosten sind die Kosten, die bei einem Auftrag direkt anfallen. Dies sind zum Beispiel die Reise- oder Übernachtungskosten für diesen einen Auftrag. Ihre Büromiete. Diese stellen Gemeinkosten dar, da diese Kosten unabhängig vom Auftrag anfallen.

NR.	POSITION	€ %	BEMERKUNG
1	Konzeptions-EK	€	Unter diesem Posten müssen alle direkten Kosten für die Entwicklung des Seminars oder der Veranstaltung zusammengefasst werden.
2	Konzeptions-GK	%	Alle in Anspruch genommenen Serviceleistungen anderer Abteilungen müssen als Kalkulationsaufschlag berücksichtigt werden.
3	Konzeptionskosten	€	(1) + (2)
4	Material-EK	€	Alle direkten Kosten: Schulungsunterlagen, Kopien, verbrauchte Präsentationsmittel etc.
5	Material-GK	%	Indirekte Kostenbestandteile oder Einzelkosten, die aus wirtschaftlichen Gründen nicht als EK, sondern als GK ausgewiesen werden: Kreide, Büroklammern, Projektor- oder Tafelnutzung.
6	Materialkosten	€	(4) + (5)
7	Durchführungs-EK	€	Alle Kosten, die bei der Durchführung anfallen: Abwicklungskosten, Honorar, Miete, Reisekosten, Übernachtung.
8	Durchführungs-EK	%	Alle Kosten, die durch die Nutzung von vorhandenen Anlagen anfallen oder sich nicht direkt umrechnen lassen: Nutzung der vorhandenen Räume, Sekretariat, Kantine, durchführungsbezogene Verwaltungskosten etc.

9	Durchführungs-kosten	€	(7) + (8)
10	Herstellkosten	€	(3) + (6) + (9)
11	Verwaltungs-GK	%	Alle Kostenbestandteile, die auf den Back-Office-Bereich zurückzuführen sind: Verwaltungspersonal, Büromieten, Technikausstattung, Abschreibungen, Dienstfahrzeuge etc.
12	Herstellkosten	€	(10) + (11)
13	Marketing-GK	%	Alle Kosten, die für Marketing und Vertrieb anfallen: Bildungskatalog, Flyer, Präsentationskosten, Messeauftritte, Anzeigen etc.
14	Selbstkosten	€	(12) + (13)
15	Gewinnaufschlag	%	Falls die kalkulierten Seminare einen Marktpreis erhalten, muss ein kalkulatorischer Gewinnaufschlag erfolgen.
16	Provision/Rabatt	%	Ein Rabatt- und Provisionsaufschlag deckt die direkten Absatzkosten ab.
17	MwSt	%	Für umsatzsteuerpflichtige Anbieter muss für die Ermittlung der Bruttopreise die Mehrwertsteuer zugerechnet werden.
18	Bruttoangebots-preis	€	(14) + (15) + (16) + (17)

Kostenorientierte Preisberechnung

Die kostenorientierte Methode weist den Vorteil auf, dass Sie gleichzeitig bei der Kalkulation Ihre aktuelle Situation in den Zahlen wiederfinden. Diese Methode setzt aber voraus, dass Sie eine funktionierende Buchhaltung haben. Ihr Steuerberater sollte Ihnen dabei helfen können, falls Sie nicht selber über die notwenigen Grundkenntnisse verfügen. Leider funktioniert bei

Kostenorientierte Preisbildung

Existenzgründern diese Methode nicht so gut, da hier oftmals noch keine Erfahrungswerte über die tatsächlichen Kosten vorliegen.

Wettbewerbsorientierte Preisberechnung

Wettbewerbsorientierte Preisbildung

Die wettbewerbsorientierte Preisbildung ist gerade bei jungen Trainern sehr beliebt. Dabei wird das eigene Honorar auf ein Niveau fixiert, das dem anderer vergleichbarer Wettbewerber entspricht. Dazu sollten Sie regelmäßig mit anderen Trainern sprechen, um deren Preisgefüge zu erfahren. Sie haben dann die Wahl mit einem Wettbewerbspreis wie folgt umzugehen: Nehmen wir an, ein Wettbewerber verlangt 1000 Euro für seine Leistung. Wenn Sie sich genauso gut einschätzen und auch eine gleiche Leistung bieten wie dieser Wettbewerber, dann sollten Sie auch diesen Preis anpeilen. Viele Trainer unterbieten Wettbewerbspreise leicht, um sich beim Kunden durchzusetzen: Das heißt, in diesem Fall wären 900 Euro angemessen. Falls Sie aber eine bessere Leistung als Ihr Wettbewerber bieten und dies dem potenziellen Kunden auch glaubhaft machen können, dann sind vielleicht 1100 Euro die bessere Wahl. Bei dieser Methode handelt es sich um eine eher passive Preisbildung, da Sie sich ausschließlich nach Ihren Wettbewerbern richten. Bei einem Tagessatz von 1000 Euro ist mit Sicherheit Verhandlungsspielraum gegeben. Wie sieht es aber mit 14 Euro pro Stunde aus? Würden Sie für diesen Stundensatz auch noch arbeiten?

Kundenorientierte Preisberechnung

Kundenorientierte Preisbildung

Eine weitere Methode der Preisbildung ist die kundenorientierte Preisbildung. Bei dieser Methode erfolgt das Preisangebot anhand der potenziellen Zahlungsbereitschaft der Kunden, das heißt, Sie kalkulieren Ihr Angebot für den speziellen Kunden. Sie sollten unter anderem die folgenden Fragen klären, um wesentliche Einflussfaktoren zu identifizieren:

EINFLUSSFAKTOREN BEI EINER KUNDEN-ORIENTIERTEN PREISBERECHNUNG

- Handelt es sich um einen Firmenkunden oder einen Privatkunden?

- Handelt es sich um ein managementgeführtes Unternehmen oder ein inhabergeführtes Unternehmen?

- Welche Unternehmensgröße liegt vor?

- Handelt es sich um eine Wachstumsbranche?

- Wer ist Ihr Ansprechpartner? Einkauf, Personalentwicklung, Fachabteilung oder Geschäftsführung?

- Kennen Sie Budgetgrenzen bei Ihren Gesprächspartnern?

- Welche Hotelkategorie bevorzugen die Teilnehmer normalerweise?

- Handelt es sich um ein strategisch wichtiges Thema?

- Handelt es sich um eine Standardschulung oder ein Spezialthema?

Die einzelnen Faktoren geben Hinweise auf die Zahlungsbereitschaft des Kunden. Sie sind aber keine Garanten für bessere Preisverhandlungen. Sie müssen für Ihr spezifisches Geschäft ein Gefühl dafür bekommen, was Ihre Kunden bereit sind zu bezahlen.

Zahlungsbereitschaft des Kunden

Rabatte

Zusätzlich zum Preis können Sie auch noch Rabatte einsetzen, um etwas flexibler mit dem Kunden umzugehen. Nachfolgend finden Sie einige Beispiele, die aktiv von Trainern eingesetzt werden.

RABATTARTEN	BEISPIEL
Funktionsrabatte werden in der Regel dem Handel gewährt für die Übernahme der Handelsfunktionen oder zusätzlicher Funktionen (zum Beispiel Aktionsrabatt).	Wenn ein Trainer Leistungen in einem mehrstufigen Prozess verkauft, dann wird die Leistung an den Absatzmittler (Traineragentur) unter Abzug eines Rabattes verkauft.
Mengenrabatte werden mit steigender Auftragsgröße gewährt.	Diese Rabattart wird häufig gewährt, wenn mehrere Kurse gleichzeitig gebucht werden oder eine Firma mehrere Mitarbeiter zu einem Seminar schickt. Üblich sind zum Beispiel 10%.
Zeitrabatte haben die Funktion, die Nachfrage zeitlich zu verlagern oder zu steuern (Saisonrabatt, Auslaufrabatt).	Zeitrabatte werden bei frühzeitiger Buchung oder in Form von Last-Minute-Buchungen gewährt.
Treuerabatte werden zur Kundenbindung eingesetzt.	Zahlreiche Trainer bieten ihren Stammkunden eine verbilligte Teilnahme an den Seminaren an.

4.5 PROFESSIONELLES EMPFEHLUNGS- MANAGEMENT

Empfehlungsmanagement

In den vorausgegangenen Kapiteln haben wir uns mit vielen Methoden der Akquisition und der Akquisitionsunterstützung auseinandergesetzt. Widmen wir uns nun der Königsdisziplin im Akquisealltag eines professionellen Trainers: dem Empfehlungsmanagement. Wir werden uns anschauen, wie man aus häufig eher zufällig gesammelten Empfehlungen professionelles Empfehlungs- und in der Regel profitables Neukundengeschäft generiert.

Empfehlungsmanagement ist die einfachste Methode, um neue Kunden zu gewinnen! Es gibt viele Wege, Empfehlungen zu erhalten, mit Empfehlungen umzugehen und Kontakte aus Empfehlungen in echte Kundenkontakte und Kundenaufträge zu transformieren.

Wann spricht ein Kunde generell eine Empfehlung aus? Wenn er Spitzenleistung erlebt hat!
Doch selbst wenn Sie Spitzenleistung beim Kunden hinterlassen haben, selbst wenn Ihr Kunde einem potenziellen neuen Kunden von dieser Spitzenleistung erzählt, bleibt es offen, ob dieser potenzielle Kunde wirklich zum Telefonhörer greift und Sie anruft. Sie haben den ersten Weg zur Empfehlung nur bis zum Ende Ihres Trainings in der Hand.

Daher: Lassen Sie sich Ihr Empfehlungsgeschäft nicht aus der Hand nehmen. Managen Sie Ihr Empfehlungsgeschäft aktiv und professionell!

Es gibt zwei Arten von Empfehlungen: aktive und passive.

Passives Empfehlungsmanagement:

Sie können auf Kunden warten, die aufgrund einer Empfehlung eines Ihrer Kunden auf Sie zukommen und Sie aktiv nach einem Angebot bzw. Durchführung einer Weiterbildungsmaßnahme ansprechen. Der Vorteil: Es wird beinahe keine Aktivität von Ihnen erfordert.

Passives Empfehlungsmanagement

Aktives Empfehlungsmanagement:

Der Unterschied zu der ersten Methode ist Ihre eigene Aktivität bei der Generierung von Empfehlungen. Nicht Abwarten ist hier das Motto. Sprechen Sie Ihre Kunden an. Fragen Sie nach Empfehlungen, nach konkreten Ansprechpartnern für Ihr Trainingsthema.

4.5.1 UND WIEDER: IHRE INNERE EINSTELLUNG!

Mit welcher Einstellung gehen Sie an das Thema Empfehlungsmanagement heran? Eher distanziert – mit Fragen wie: *»Darf ich einen Kunden überhaupt nach einer Empfehlung fragen? Wie wird er reagieren? Denkt er von mir, ich brauche unbedingt Aufträge? Bin ich nun in seinen Augen eine Art Drücker?«* Oder eher selbstbewusst: *»Ich weiß, dass ich bei meinem Kunden eine gute Leistung hinterlassen habe und er genau dann Empfehlungen für mich ausspricht. Und diese gute Leistung kommt folglich auch jemand anderem zugute.«*

Das geht Ihnen doch genauso. Nehmen wir nur einmal an, Sie waren mit Freunden am vergangenen Wochenende in einem Lokal gemeinsam essen. Und Sie alle waren nicht nur zufrieden mit der Leistung, Sie waren begeistert! In der Regel haben Sie doch dann jedem zweiten, der Ihnen über den Weg gelaufen ist, von diesem Erlebnis erzählt. Auch denen, die gerade auf Diät waren. Und das ist eine Empfehlung!

Zu Recht können Sie nun entgegnen, dass der Wirt Sie nicht zu einer Abgabe einer Empfehlung aufgefordert hat. Braucht er auch nicht. In Märkten, bei denen Kunden sich nicht langfristig auf einen Anbieter konzentrieren, brauchen Sie als Anbieter NUR Spitzenleistung zu erbringen. Sie gehen ja nicht ständig im selben Restaurant essen. Und so freuen wir uns, wenn wir mal wieder einen Tipp, eine Empfehlung bekommen, für ein nettes

Lokal, ein tolles Hotel oder ein ansprechendes Geschäft. Der Rest läuft beinahe von selbst. Gute Leistung spricht sich halt wortwörtlich herum!

Der Trainings- und Beratermarkt sieht anders aus. Im Unterschied zu der oben beschriebenen Marktsituation finden Sie in Ihrem Markt eher folgende Blockaden:

Blockaden

1. Potenzielle Kunden werden extern unterstützt und die Geschäftsbeziehung verläuft aktuell ohne Störung.
2. Der potenzielle Auftraggeber kennt eine neue Dienstleistung (Training) gar nicht.
3. Der potenzielle Auftraggeber kennt seinen Bedarf nicht.

Wenn so ein Unternehmer nun von einem anderen Unternehmer hört, dass Sie dort Spitzenleistung erbracht haben, dann könnte dieser Unternehmer einen langjährigen Inhouse-Trainer haben und kommt erst gar nicht auf die Idee, mit Ihnen Kontakt aufzunehmen.

Dieser Unternehmer könnte kein Interesse an diesem Thema haben, mit welchem Sie das andere Unternehmen unterstützt haben. Er wird dann aber auch nicht die anderen Themen hinterfragen, die Sie anbieten.

Um diese Blockaden zu überwinden, müssen Sie sich etwas einfallen lassen. Das können Sie aber nur tun, wenn Sie die richtige innere Einstellung dazu haben. Wenn Sie überzeugt davon sind, dass eine Empfehlung von Ihnen an diesen Unternehmer von Wert für ihn ist. Dann überlegen Sie sich Möglichkeiten, dem Unternehmer gute Argumente und gute Informationen zukommen zu lassen, die seine Blockaden auflösen.

Und denken Sie dabei an den Zeitfaktor: Wenn der Unternehmer eine Empfehlung von Ihrem Empfehlungsgeber bekommen hat, sollte er am besten innerhalb von 72 Stunden reagieren. Oder besser noch: Sie! Und ihn vorsichtig mit einer Nachfrage auf die Empfehlung kontaktieren. Denn aller Erfahrung nach sind dem Unternehmer im Tagesgeschäft viele Dinge einfach wichtiger: Er verschleppt den geplanten Anruf von Tag zu Tag. Nach einiger Zeit liegt Ihre Visitenkarte nicht mehr ganz oben auf dem Arbeitsstapel. Der Empfehlungseffekt ist verpufft.

4.5.2 AKTIVES EMPFEHLUNGSMANAGEMENT

Aktive Empfehlungen sind Empfehlungen, bei denen ein potenzieller neuer, und zwar konkreter Kunde/Interessent ins Spiel kommt. Entweder, indem Ihr Bestandskunde Ihnen von diesem Kontakt erzählt oder indem er mit diesem Kontakt über Ihre Dienstleistung spricht. Demnach sind Sie also von Anfang an entweder in diesen Empfehlungsprozess integriert oder Sie erfahren von dieser Empfehlung zunächst nichts.

WAS IST EIN LEAD?

Kurz gesagt: ein interessanter und interessierter potenzieller Neukunde, zu dem schon ein gewisser Kontakt besteht.

Beispiel: Jemand hat zu einem potenziellen Kunden von Ihnen (z. B. innerhalb Ihres Branchenschwerpunktes Bank) einen guten Kontakt. Nun erfährt er in einem Gespräch mit einem Verantwortlichen, dass die Bank erwägt, eine Dienstleistung, wie sie von Ihnen angeboten wird, einzukaufen. Er stellt daher den direkten Kontakt her. Diesen Kontakt nennt man Lead.

Eine immer wieder diskutierte Frage ist, ob ein solcher Lead Geld wert ist. Einerseits scheint der potenzielle Kunde einen Bedarf zu haben. Doch ob der Lead für Sie zum Akquisitionserfolg wird, ist noch nicht garantiert! Er ist jedoch allemal »wärmer«, als wenn Sie zum Instrument der Kaltakquise greifen.

Wenn Ihre Kunden Wert darauf legen und häufig Leads vermitteln, dann schließen Sie mit Ihnen eine Vertriebsvereinbarung, in der Sie die Definition eines erfolgreichen Leads und die Provisionen einvernehmlich regeln.

4.5.3 DER WEG ZUR EMPFEHLUNG

Alles Weitere ist nun kommunikatives Handwerkszeug und sollte – wenn Ihre Einstellung zum Thema stimmt – für Sie als Trainer ein Leichtes sein.

Der Weg zur Empfehlung – ein Drehbuch für aktive Trainer:

WER	SAGT WAS	REGIEANMERKUNGEN
		Vor ein paar Tagen haben Sie ein Training für einen Ihrer Kunden durchgeführt. Die Feedbacks, die Sie mündlich oder schriftlich von den Teilnehmern erhalten haben, sind gut ausgefallen. Nun rufen Sie den Auftraggeber an. Nach einem situativen Smalltalk gehen Sie wie folgt vor…
TRAINER	*Herr Entscheider, ich wollte mich an dieser Stelle nochmals für die reibungslose Organisation anlässlich des Trainings bedanken. Unter diesen Rahmenbedingungen konnte hervorragend gearbeitet werden.*	Zunächst geben Sie dem Kunden ein Feedback. Getreu dem Motto: »Wie man in den Wald hineinruft …«

TRAINER	*Aber viel wichtiger ist ja, wie es Ihren Mitarbeiter gefallen hat. Da haben Sie bestimmt einiges im Flurfunk mitbekommen.*	Der Kunde wird durch die allgemeine Feedbackfrage geöffnet.
KUNDE	*Unseren Mitarbeitern hat das Training gut gefallen.*	Meist reagiert der Kunde auf eine allgemeine Frage mit einer allgemeinen Antwort.
		Unser Ziel ist eine Empfehlung. Wenn der Kunde nicht zufrieden wäre, würde er leider ähnlich antworten, denn Menschen scheuen in dieser Situation das negative Feedback.
TRAINER	*Was hat Ihren Mitarbeitern denn besonders gefallen?*	Daher: Feedback konkretisieren. Nun wird es für den Kunden, der ein Gefälligkeitsfeedback abgegeben hat, schwierig. Sie merken schnell, ob er und seine Mitarbeiter wirklich begeistert waren oder nicht.
KUNDE	*Die Mischung aus Theorie und Praxis und Ihre humorvolle Art, schwierige Sachverhalte an den Mann zu bringen. Das haben mir einige Teilnehmer als besonders positiv zurückgemeldet.*	Konkrete Frage – konkrete Antwort.
		An dieser Stelle können Sie eine Betreuungsvereinbarung einbauen. Egal, ob es einen konkreten Folgeauftrag gibt oder nicht. Wenn nicht, dann ist dies über das Ziel hinaus, eine Empfehlung zu bekommen, noch ein perfektes Kundenbindungsinstrument.

TRAINER	Schön, das freut mich. Was halten Sie davon, wenn wir solche Telefonate wie heute regelmäßig führen? So halte ich Sie über die Trainingsmaßnahme auf dem Laufenden und Sie können mir Informationen geben, welche ich in den Trainings berücksichtigen soll.	Allgemeine Betreuungsfrage.
KUNDE	Ja, gerne.	Wie gehabt: allgemeine Frage, allgemeine Antwort. Das Ziel ist immer noch, herauszufinden, ob der Kunde zufrieden ist. Wenn ja, gibt er Ihnen gleich einen Empfehlungskontakt. Wenn nein, dann würde er sich an dieser Stelle herauswinden. Zum Beispiel so: »Herr Methodik, wenn ich Bedarf habe, komme ich einfach auf Sie zu.«
TRAINER	**Version 1:** keine Folgeaufträge *Herr Entscheider, soll ich mich denn in einem Jahr nochmals bei Ihnen melden und wir stimmen uns gemeinsam ab ...* **Version 2:** mit Folgeauftrag *... soll ich mich, wie heute, einfach immer so ca. eine Woche nach einem Training bei Ihnen ...* **Version 3:** für Profis *In welchem Abstand ist Ihnen die Kontaktaufnahme durch mich denn recht?*	Nun wieder konkretisieren. Dabei kommt es darauf an, ob Sie in der nächsten Zeit noch Aufträge bei diesem Kunden haben oder nicht!

KUNDE	*Es wäre schön, wenn Sie sich gegen Ende des Jahres bei mir melden. Dann stimme ich die Weiterbildung für das kommende Jahr ab und wir können prüfen, ob Sie das ein oder andere Training abdecken können.*	
		Fazit: Ein Kunde, der einer regelmäßigen Betreuung zustimmt, nachdem er sich positiv geäußert hat, ist ein zufriedener Kunde. Ein Kunde, der Sie empfehlen wird.
TRAINER	*Da habe ich noch eine Frage. Sie kommen doch auch mit anderen Unternehmern in Kontakt. Diese Unternehmer wollen doch bestimmt auch, dass ihre Mitarbeiter kundenfreundliche Telefonate führen. Kennen Sie da jemanden, den ich auf dieses Training ansprechen könnte?*	Empfehlungsfrage
		Jetzt heißt es abwarten! Der Kunde muss nun überlegen. Er wird an Personen aus seinem Umfeld denken. Die Bilder dieser Menschen vor seinem geistigen Auge ablaufen lassen. Im persönlichen Gespräch würden Sie erkennen, wann Sie die nächste Fragen stellen können: wenn er Sie wieder anschaut. Im Telefonat einfach etwas Zeit geben; 30 Sekunden wirken in diesem Moment wie eine halbe Ewigkeit.

KUNDE	Ja.	
TRAINER	*An wen denken Sie konkret?*	
KUNDE	*Herr Bedarf von Potenzial Kunde & Co. KG*	
TRAINER	*Wieso kommen Sie auf Herrn Bedarf? Haben Sie mit ihm schon einmal über diese Themen gesprochen?*	Diese Frage ist wichtig, da Sie nun Informationen für ein eventuelles Telefonat mit Herrn Bedarf bekommen.
KUNDE	*Ja, er hat mir mal vor Wochen ...*	
TRAINER	*Herr Entscheider, wie wollen wir nun vorgehen? Möchten Sie Herrn Bedarf von meinem Training in Ihrem Haus berichten und ihm anbieten, dass er sich gerne bei mir melden darf, oder soll ich mich auf dieses Telefonat mit Ihnen beziehen und mich bei Herrn Bedarf melden?*	Wer Wege hat, kann wählen. Das gilt auch hier. Überlassen Sie daher dem Kunden den Akquiseweg!
KUNDE	*Sie können Herrn Bedarf gerne anrufen. Bestellen Sie ihm und seiner Assistentin schöne Grüße, dann werden Sie auch zu ihm durchgestellt.*	

Wie Sie im obigen Drehbuch gesehen haben, können Sie quasi während des Empfehlungsgespräches dem Kunden eine Betreuungsvereinbarung mit einer Rückmeldung Ihrerseits innerhalb gewisser Zeiträume anbieten.

BETREUUNGSVEREINBARUNG

Wiederholen Sie diese Betreuungsvereinbarung deutlich am Ende des Gespräches, z. B.: »*Herr XY, wie besprochen, werde ich mich gerne bei Ihnen in drei Monaten wieder melden, damit wir gemeinsam besprechen können, wie* ...«

Wenn Sie mit Ihrem potenziellen Kunden eine solche Betreuungsvereinbarung geschlossen haben, können Sie in Zukunft Ihre (Akquise-)Telefonate wie folgt sehr einfach und effektiv beginnen:

»*Hallo Herr Nehmer,* **Sie** *haben mich gebeten, Sie*
... einmal im Jahr anzurufen, um ...
... anzurufen, wenn es etwas Neues gibt.«

Auf diese Weise drehen Sie den Kontaktweg zum Kunden um. Nicht Sie rufen an, um eine Leistung zu verkaufen. Mit dieser Methode kommen Sie mit Ihrem (Akquise-)Anruf quasi einem Wunsch des Kunden nach, denn er hat Sie ja gebeten den Kontakt wieder zu suchen. Probieren Sie es aus! Dieser Tipp ist bei den vielen Telefonaten aus unserer eigenen Praxis sehr erfolgreich!

AKTIVES EMPFEHLUNGSMANAGEMENT IN DREI SCHRITTEN

1

1. Schritt – FEEDBACK

Trainerfeedback an Kunde	➜ Zur Öffnung
Allgemeine Feedbackfrage	➜ Generierung einer allgemeinen Antwort
Konkretisierende Feedbackfrage	➜ Zur Absicherung der Antwort

2

2. Schritt – BETREUUNGSVEREINBARUNG

Allgemeine Betreuungsfrage	➜ Generelles Interesse?
Konkretisierende Betreuungsfrage	➜ Zeitlicher Abstand?

3

3. Schritt – EMPFEHLUNGSFRAGE

Einleitung ➜	Das WARUM der Empfehlungsfrage erklären!
Wer? ➜	Kommt aus Sicht des Kunden infrage?
Warum? ➜	Ist dieser Kontakt dem Kunden in den Sinn gekommen?
Wie? ➜	Abstimmen der weiteren Vorgehensweise zur Kontaktaufnahme

4.5.4 PASSIVE EMPFEHLUNGEN NUTZEN

Unter passiven Empfehlungen versteht man Referenzschreiben oder Testimonials. Bei dieser Art des Empfehlungsmanagements ist auf der ersten Ebene – also der Ebene der Referenzgewinnung – kein konkreter Kunde im Spiel.

Referenzschreiben

Auch wenn Ihr Kunde keine aktive Empfehlung für Sie hat, kann er Sie mit einem Referenzschreiben unterstützen. Der Vorteil liegt auf der Hand: Ein solches Schreiben ist vielfach verwendbar: für den Abdruck auf Werbeanschreiben (Mailings), Werbematerialien, Flyern, Websites, Seminarunterlagen.

Vielfach verwendbar

Manchmal ist es nicht einfach, Referenzschreiben zu erhalten. Das liegt jedoch meist nicht an der mangelnden Bereitschaft der Kunden. Unsere Erfahrung in der Praxis zeigt: Viele Kunden sagen einem Referenzschreiben spontan zu. Aber im Alltagsstress geht das Angebot Ihres Kunden unter.

Begeisterte Kunden konkret ansprechen

Sprechen Sie Ihren begeisterten Kunden konkret darauf an, dass er Ihnen ein Referenzschreiben ausstellen möge. Überlassen Sie Ihrem Kunden zunächst selbst, wie und wann er ein solches Schreiben erstellt. Wenn Ihr Kunde jedoch nach ein bis zwei Wochen keine Aktivität gezeigt hat, können Sie ihn an das Referenzschreiben erinnern – am besten bieten Sie ihm gleich an, einen Entwurf selbst zu schreiben. Das nehmen nach aller Erfahrung die Kunden freudig an und beflügelt sie, noch ein paar Zeilen oder eine persönliche hohe Bewertung selbst hinzuzufügen. Mit Eigenlob sollten Sie im eigenen Testimonialentwurf geizen: Superlative kommen platt und plump daher – und wenn der Kunde wirklich »superbegeistert« war, wird er dies selbst noch anfügen. Fokussieren Sie in den Entwürfen nützliche Aspekte wie konkrete Umsetzungsergebnisse, spezifische Branchenkompetenz, spezifische Trainingsansätze, spezifischer Nutzen Ihrer Kernkompetenzen für den jeweiligen Referenzkunden. Mehr in der folgenden Checkliste.

Auf der Begleit-CD finden Sie ein Muster für ein solches Referenzschreiben.

Testimonials

Eine zweite effektive Art der passiven Empfehlung sind sogenannte Testimonials. Das sind Menschen, die für etwas oder jemanden stehen, kurze Aussagen von Kunden zu einem Produkt oder einer Dienstleistung. Diese treten mit ihrer Aussage sozusagen als Bürgen für die Leistung bzw. Qualität auf. Nichts hat eine größere Glaubwürdigkeit und Aussagetiefe und damit eine höhere Werbewirkung als positive Kundenaussagen!

Testimonials

Viele Trainer lassen Teilnehmer nach einem durchgeführten Auftrag Feedbackbögen ausfüllen. Damit ist der erste Schritt für ein Testimonial bereits getan.

Denken Sie immer daran, sich die Zustimmung zur Veröffentlichung vom Testimonial-Geber zu erfragen! Entweder, indem Sie

Ihre Seminar-Teilnehmer pauschal fragen, ob Sie gegebenenfalls einzelne Aussagen verwenden dürfen. Oder Sie ergänzen Ihre Feedbackbögen um die konkrete Frage nach einer Freigabe zur Veröffentlichung.

GÄSTEBUCH

Gästebuch

Eine weitere Möglichkeit: Nehmen Sie in Ihre Trainings ein Gästebuch mit und lassen Sie Ihre Teilnehmer nach einem Seminar dort ein Feedback hineinschreiben. Auf diese Weise sammelt sich mit der Zeit eine ganze Sammlung von Kundenaussagen an. Teilnehmer, die Ihnen in einem Gästebuch etwas hinterlassen wollen, werden auch immer lesen, was andere Teilnehmer zu Ihrer Dienstleistung geschrieben haben.

Weisen Sie die Seminarteilnehmer aber darauf hin, dass Sie einzelne dieser Aussagen zitieren und veröffentlichen möchten, und erbitten Sie vorher ihre Zustimmung!

Testimonials mit oder ohne Bild des Kunden oder Teilnehmers können Sie dann:

- auf Ihrer Webseite veröffentlichen
- in Ihre Broschüren respektive Kommunikationsmittel integrieren
- in einem Flyer zu einem bestimmten Training abdrucken

4.5.5 VIDEO- UND AUDIO-TESTIMONIALS

In Zeiten mediengewaltiger Websites, multimedialer Newsletter, in Zeiten von Facebook, von YouTube und anderen Videoplattformen sind Video- und Audio-Testimonials sehr nützlich:

Audio

Audio-Dateien sind sehr klein und können in E-Mail-Mailings, Newslettern und Websites sowie alle anderen digitalen Medien eingebunden werden. Zudem können Sie als Trainerin, Berater oder Coach auditive Testimonials sehr leicht einholen, da erfahrungsgemäß die Scheu, in ein Mikrophon zu sprechen, sehr viel geringer ist, wenn sich der Referenzgeber dabei keine Sorgen machen muss, ob Licht, Haare und Look stimmen und er/sie wohl gerade die beste Figur vor der Kamera macht. Sehr gut eignen sich dafür kleine Aufzeichnungsgeräte, die heute eine extrem beachtliche Audio-Qualität liefern und die Sie immer im Trainer- oder Speakerkoffer haben sollten.

> Mit diesen digitalen Aufzeichnungsgeräten lassen sich vor Ort auch andere Gelegenheiten für Ihre Kommunikation und Ihr Marketing nutzen: So können Sie schnell kleine Interviews mit Ihrem Kunden, spannenden Persönlichkeiten oder geistreichen Impulsgebern aufzeichnen und nachher prima für Ihren Pod-Cast oder Ihren Newsletter nutzen.
>
> **TIPP**

Video

Etwas aufwändiger in der Produktion sind Video-Testimonials: Sie müssen ja auf Hintergründe, Licht, Ton und Ruhe in der Umgebung achten. Viele Trainer verfügen bereits über ein semiprofessionelles Video-Equipment, um beispielsweise Trainingsfortschritte oder Dialogübungen aufzuzeichnen. Da lassen sich nach Seminarende oft noch begeisterte Teilnehmer und auch die Personalverantwortlichen im Unternehmen gerne vor die Kamera bitten, um ein paar evaluierende, empfehlende, wertvolle Statements abzugeben. Trainer, die auch als Speaker oder Referenten tätig sind, haben es noch leichter, entsprechendes Material zu produzieren: Ein vom Kongress-, Event-, Forum-Veranstalter gestelltes oder selbst mitgebrachtes Kamerateam ist eigentlich immer bereit, noch ein paar Testimonials mitzudrehen.

Video-Testimonials eignen sich – wenn der Aufgezeichnete sein Einverständnis gegeben hat – auch besonders gut zur Empfehlung über Facebook oder Twitter, wo sie in einen inhaltlichen Zusammenhang mit Ihren Trainingsinhalten gesetzt werden können: Ein Link auf die Testimonialausschnitte auf Ihrer Website gibt einem breiteren Interessentenpublikum Einblick in Ihre Arbeit und deren Qualität.

TIPP Sammeln Sie überall Videomitschnitte – eben auch Testimonials –, wo es sich anbietet. Damit legen Sie nicht nur eine wichtige »Referenzdatenbank« an, sondern können sie auch in Trainer-Informations- oder Promotionsvideos einfügen.

NACHWORT

Ihre Positionierung und Ihre Dienstleistungen als Berater, Trainer oder Coach werden von Jahr zu Jahr besser – doch die des Wettbewerbes auch. Die strategische Schlüsselfrage für Ihren Akquise-Erfolg heißt deshalb: »*Wie stellen Sie sicher, dass die Menschen sich morgen für Ihr Training entscheiden?*« Hauptziel Ihres unternehmerischen Handelns als Trainer oder Berater muss es daher sein, jeden einzelnen Kunden zu *gewinnen*, zu *begeistern* und langfristig zu *behalten*. Dazu haben Sie im vorliegenden Buch viele Instrumente und Strategien an die Hand bekommen. Strategien, die den Sog hin zu Ihnen verstärken. Denn Dienstleistungen und Produkte werden heute immer seltener *ver*kauft und immer öfter *ge*kauft.

Menschen kaufen, wenn die Taten des Unternehmens halten, was die Worte versprechen. Die Wirksamkeit Ihrer Akquise hängt auch davon ab, wie Sie Ihren Plänen und Versprechen auch Taten folgen lassen, wie Sie Ihre Energien aktiv managen und sich systematisch selbst motivieren.

Ein schneller Weg, Ihr Akquisesystem professionell weiterzuentwickeln und zu optimieren, ist Modelling of Excellence. Schon Konfuzius sagte:

> »*Es gibt drei Wege des Lernens.*
> *Durch Nachdenken – das ist der edelste,*
> *durch Erfahrung – das ist der bitterste,*
> *und durch Nachahmung – das ist der leichteste.*«

Halten Sie daher Ihre Augen offen und lassen Sie sich von den Besten inspirieren. Einige sehr gute Fallbeispiele dafür finden Sie in diesem Buch. Nutzen Sie sie für Ihr Modelling of Excellence. Das gilt auch für die Unterlagen und Informationssammlungen auf der beigefügten CD-ROM. Suchen Sie sich jetzt direkt eine für Sie passende Strategie aus, definieren Sie Ihre Erfolgserwartung und planen Sie gleich die Umsetzung. Denn professionelle Akquise fällt vielen Trainern, Coachs, Beratern und Bildungsunternehmen nicht leicht, oft nicht einmal denen, die Vertriebsschulungen anbieten.

Die entscheidende Frage ist: Identifizieren Sie sich wirklich mit der Qualität Ihres Angebots? Falls ja, dann werden Sie die Strategien, Techniken und Tipps dieses Buches gerne nutzen und umsetzen, weil Sie wissen und spüren, dass Sie Ihren Kunden einen wirklichen Mehrnutzen bieten. Diese Identifikation – den Schlüssel zum Schloss aller Akquisitonsmaßnahmen – wünsche ich Ihnen!

Alexander Christiani
Christiani Consulting KG
www.christiani-consulting.com

LITERATUR

Bernecker, Michael/Weihe, Kerstin/Peters Michael: Marketing im Weiterbildungsmarkt 2008/2009: Eine empirische Befragung von Trainern und Personalentwicklern. Köln: Johanna Verlag 2008

Buhr, Andreas: Vertrieb geht heute anders. Wie Sie den Kunden 3.0 begeistern. Offenbach, GABAL 2011

Cialdini, R.B.: Die Psychologie des Überzeugens. Bern: Verlag Hans Huber 2004

Friedrich, K.: Empfehlungsmarketing. Neukunden gewinnen zum Nulltarif. 4. erweiterte Aufl. Offenbach: GABAL 2004

Gierke, Christiane: Das ist ja 'ne Marke! Bekannter, beliebter und erfolgreicher mit Persönlichkeitsmarketing. Offenbach: GABAL 2010

Gierke, Christiane: Neue Zeiten erfordern neues Marketing für Personaldienstleister. In: PQ-Magazin, 11/2009, S. 18 f

Gierke, Christiane: Power im Persönlichkeitsmarketing. In: usp – menschen im marketing, 3/2008, S. 28 ff

Gierke, Christiane/Nölke, Stephan Vincent: Das 1 x 1 des multi-sensorischen Marketings. Marketing mit allen Sinnen. Unwider-stehlich. Unvergesslich. Umfassend. Köln: Edition comevis 2011

Gierke, Christiane/Schlieszeit, J./Windschiegl, H.: Vom Trainer zum E-Trainer. Offenbach: GABAL 2003

Gobé, Marc (Ed): Emotional Branding: The New Paradigm for Connecting Brands to People. Allworth Press 2010

Hahn, Thorsten: 77 Irrtümer des Networking ... erfolgreich vermeiden. So bauen Sie Kontakte auf, die Sie weiterbringen. München: FinanzBuch Verlag 2009

Häusel, Hans-Georg (Hg): Neuromarketing. Erkenntnisse der Hirnforschung für Markenführung, Werbung und Verkauf. Freiburg: Haufe-Lexware 2008

Häusel, Hans-Georg: Brain View. Warum Kunden kaufen,
2. Aufl. Freiburg: Haufe-Lexware 2009

Johnson, L., Smith, R., Willis, H., Levine, A., and Haywood, K.,
(2011). The 2011 Horizon Report.

Mühlenbeck, Frank / Skibicki, Klemens: Die TOP 100 Strategie für
Social Media Marketing: 100 Praxis-Tipps zur Positionierung
Ihrer Marke und zum Verkauf Ihrer Produkte mit Facebook,
YouTube, Twitter & Co. BoD, 2010

Plassmann, Hilke: Der Einfluss von Emotionen auf Marken-
produktentscheidungen: Theoretische Fundierung und empirische Analyse mit Hilfe der funktionellen Magnetresonanz-
tomographie. Wiesbaden: Gabler (Edition Wissenschaft / DUV)
2006

Raffler, B. (Hrsg.): 84 Erfolgstipps von Trainern und Beratern.
Raffler 2004

Sawtschenko, P., Herden, H.: Rasierte Stachelbeeren. So werden Sie
die Nr. 1 im Kopf Ihrer Zielgruppe. 4. Aufl. Offenbach: GABAL
2010

Scheier, Christian / Bayas-Linke, Dirk / Schneider, Johannes: Codes.
Die geheime Sprache der Produkte. Freiburg: Haufe-Lexware
2010

Schulz, W.: Die Konstruktion von Realität in den Nachrichten-
medien. Alber 1990

Schulz-Bruhdoel, Fürstenau, Katja: Die PR- und Pressefibel: Ein
Praxisbuch für Ein- und Aufsteiger. 5. Aufl. Frankfurt / Main:
Frankfurter Allgemeine Buch 2010

Seiwert, Lothar J. / Wöltje, Holger: 30 Minuten Zeitmanagement
mit Blackberry. Offenbach: GABAL 2009

Seiwert, Lothar J. / Wöltje, Holger / Maison, Wolfgang: 30 Minuten
Zeitmanagement mit iPhone. Offenbach: GABAL 2009

Simon, W. (Hrsg.): Persönlichkeitsmodelle und Persönlichkeitstests.
Offenbach: GABAL 2010

Spitzer, Manfred: Selbstbestimmen. Gehirnforschung und die
Frage: Was sollen wir tun? Heidelberg: Spektrum Akademischer
Verlag 2008

Stuber, Reto: Erfolgreiches Social Media Marketing mit Facebook, Twitter, XING & Co. Düsseldorf: Data Becker 2010

Templeton, T.: Networking, das sich auszahlt ... jeden Tag! 10. Aufl. Offenbach, GABAL 2010

STICHWORTVERZEICHNIS

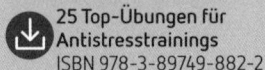

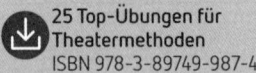

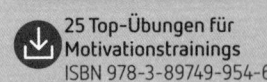

Die Covey-Bibliothek

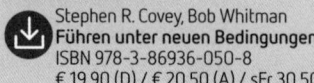

Stephen R. Covey, Bob Whitman
Führen unter neuen Bedingungen
ISBN 978-3-86936-050-8
€ 19,90 (D) / € 20,50 (A) / sFr 30,50

Stephen R. Covey
Die 7 Wege zur Effektivität
ISBN 978-3-89749-573-9
€ 24,90 (D) / € 25,60 (A) / sFr 37,90

Stephen R. Covey
Der 8. Weg
ISBN 978-3-89749-574-6
€ 29,90 (D) / € 30,80 (A) / sFr

S. M. R. Covey, R. R. Merrill
Schnelligkeit durch Vertrauen
ISBN 978-3-89749-908-9
€ 29,90 (D) / € 30,80 (A) / sFr 43,90

Stephen R. Covey
Die 7 Wege zur Effektivität Workbook
ISBN 978-3-86936-106-2
€ 19,90 (D) / € 20,50 (A) / sFr 30,50

Sean Covey
Die 6 wichtigsten Entscheidu für Jugendliche
ISBN 978-3-89749-847-1
€ 29,90 (D) / € 30,80 (A) / sFr

Sean Covey
Die 7 Wege zur Effektivität für Jugendliche
ISBN 978-3-89749-825-9
€ 49,90 (D) / € 49,90 (A) / sFr 69,90

Stephen R. Covey
Die 7 Wege zur Effektivität für Familien
ISBN 978-3-89749-889-1
€ 59,90 (D) / € 59,90 (A) / sFr 84,90

Stephen R. Covey
Die 7 Wege zur Effektivität für Manager
ISBN 978-3-89749-890-7
€ 29,90 (D) / € 29,90 (A) / sFr 43,90

Stephen R. Covey,
Stephen M. R. Covey,
Über Vertrauen
ISBN 978-3-86936-093-5
€ 29,90 (D) / € 29,90 (A) / sFr 43,90

Sean Covey
How to Develop Your Personal Mission Statement
ISBN 978-3-86936-092-8
€ 19,90 (D) / € 19,90 (A) / sFr 30,50

Stephen R. Covey
Focus: Achieving Your Highes Priorities
ISBN 978-3-86936-031-7
€ 29,90 (D) / € 29,90 (A) / sFr 43,90

Weitere Informationen finden Sie unter www.gabal-verlag.de

Barbara Schneider
Fleißige Frauen arbeiten, schlaue steigen auf
ISBN 978-3-89749-912-6
€ 19,90 (D) / € 20,50 (A) / sFr 30,50

Peter Klaus Brandl
Crash Kommunikation
ISBN 978-3-86936-055-3
€ 24,90 (D) / € 25,60 (A) / sFr 37,90

Harald Scheerer
Reden müsste man können
ISBN 978-3-86936-058-4
€ 24,90 (D) / € 25,60 (A) / sFr 37,90

Henry Mintzberg
Managen
ISBN 978-3-86936-105-5
€ 29,90 (D) / € 30,80 (A) / sFr 43,90

Ralph Goldschmidt
Shake your Life
ISBN 978-3-86936-107-9
€ 29,90 (D) / € 30,80 (A) / sFr 43,90

Joachim de Posada, Ellen Singer
Don't Eat the Marshmallow... Yet!
ISBN 978-3-86936-109-3
€ 19,90 (D) / € 20,50 (A) / sFr 30,50

Cornelia Topf
Einfach mal die Klappe halten
ISBN 978-3-86936-113-0
€ 19,90 (D) / € 20,50 (A) / sFr 30,50

Angelika Höcker
Business Hero
ISBN 978-3-86936-112-3
€ 29,90 (D) / € 30,80 (A) / sFr 43,90

Susanne Klein
Rein in die Führung
ISBN 978-3-86936-111-6
€ 29,90 (D) / € 30,80 (A) / sFr 43,90

Weitere Informationen finden Sie unter www.gabal-verlag.de

Unterhaltsame Schweinehundzähmung

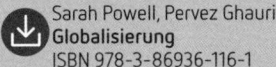

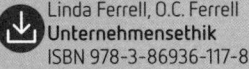

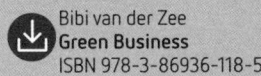

GABAL: Ihr „Netzwerk Lernen" – ein Leben lang

Ihr Gabal-Verlag bietet Ihnen Medien für das persönliche Wachstum und Sicherung der Zukunftsfähigkeit von Personen und Organisationen. „GABAL" gibt es auch als Netzwerk für Austausch, Entwicklung und eigene Weiterbildung, unabhängig von den in Training und Beratung eingesetzten Methoden: GABAL, die **G**esellschaft zur Förderung **A**nwendungsorientierter **B**etriebswirtschaft und **A**ktiver **L**ehrmethoden in Hochschule und Praxis e.V. wurde 1976 von Praktikern aus Wirtschaft und Fachhochschule gegründet. Der Gabal-Verlag ist aus dem Verband heraus entstanden. Annähernd 1.000 Trainer und Berater sowie Verantwortliche aus der Personalentwicklung sind derzeit Mitglied.

Die Mitgliedschaft gibt es quasi ab 0 Euro!
Aktive Mitglieder holen sich den Jahresbeitrag über geldwerte Vorteil zu mehr als 100% zurück: Medien-Gutschein und Gratis-Abos, Vorteils-Eintritt bei Veranstaltungen und Fachmessen. **Hier treffen Sie Gleichgesinnte, wann, wo und wie Sie möchten:**

- Internet: Aktuelle Themen der Weiterbildung im Überblick, wichtige Termine immer greifbar, Thesen-Papiere und gesichertes Know-how in form von White-papers gratis abrufen
- Regionalgruppe: auch ganz in Ihrer Nähe finden Treffen und Veranstaltungen von GABAL statt – Menschen und Methoden in Aktion kennen lernen
- Jahres-Symposium: Schnuppern Sie die legendäre „GABAL-Atmosphäre" und diskutieren Sie auch mit „Größen" und „Trendsettern" der Branche.

Über Veröffentlichungen auf der Website (Links, White-papers) steigen Mitglieder „im Ansehen" der Internet-Suchmaschinen.
Neugierig geworden? Informieren Sie sich am besten gleich!

Lernen Sie das Netzwerk Lernen unverbindlich kennen.
Die aktuellen Termine und Themen finden Sie im Web unter **www.gabal.de.**
E-Mail: info@gabal.de.

Telefonisch erreichen Sie uns per 06132.509 50-90.

„Es ist viel passiert, seit Gründung von GABAL: Was 1976 als Paukenschlag begann, … wirkt weit in die Bildungs-Branche hinein: Nachhaltig Wissen und Können für künftiges Wirken schaffen …"
(Prof. Dr. Hardy Wagner, Gründer GABAL e.V.)